普通小麦表皮蜡质突变体的表型分析和精细定位

李玲红　著

中国农业出版社
北　京

前　言

小麦（*Triticum aestivum* L.）是世界上广泛种植的禾本科植物，是我国重要的粮食作物之一。在全球气候不断变化的背景下，水资源短缺、农业病虫害的发生程度都呈加剧趋势，严重威胁着我国的农业生产及粮食安全。植物表皮蜡质是覆盖在植物各器官表面的一层白霜状物质，是植物与环境之间的第一道防线。表皮蜡质在小麦的生长发育过程中起重要的作用，它的存在能够保护小麦减少外界环境中各种生物和非生物胁迫的危害，其主要功能包括：①能够减少植物体内非气孔性水分的散失，降低植物的蒸腾速率，提高植物水分利用效率；②作为光辐射保护层，能够反射或吸收过量的紫外线从而保护植物组织；③有效地保护植物免受外界生物如昆虫、真菌和病原菌等的侵害；④保持植物表面的清洁、防止植物器官的融合，促进植物的正常发育。因此，深入研究表皮蜡质、定位和克隆相关基因对于丰富小麦种质资源、培育抗逆小麦品种具有十分重要的意义。

本书分为五章：第一章植物表皮蜡质的研究进展，第二章普通小麦整株蜡质缺失突变体的表型分析，第三章普通小麦整株蜡质缺失突变体的精细定位与候选基因分析，第四章普通小麦颖壳蜡质缺失突变体的表型分析，第五章普通小麦颖壳蜡质缺失突变体的精细定位与候选基因分析。本书介绍了济麦22经EMS诱变获得的整株蜡质缺失突变体*w5*和颖壳蜡质缺失突变体*glossy1*的表型变异，探索了这两个蜡质缺失突变体的生理和生化特性，明确了不同蜡质缺失性状各自的遗传规律，并分别对控制蜡质缺失性状的基因*W5*和*GLOSSY1*进行了精细定位和候选基因分析，可为后续目的基因的克隆和抗逆小麦品种培育提供理论依据和指导。

由于时间仓促，加上水平有限，疏漏之处在所难免，敬请读者批评指正。

李玲红

2024年2月

目　录

第一章 植物表皮蜡质的研究进展

第一节 研究背景与研究意义

小麦是世界上广泛种植的禾本科植物，是我国第二大口粮作物，其产量和品质直接关系到国家粮食安全和人民生活水平。在全球气候变化的背景下，水资源短缺、农业病虫害的发生程度日益加剧，严重威胁着我国小麦等重要口粮作物生产及粮食安全。因此，培育具有广谱抗逆性的小麦新品种对于进一步提高小麦产量，确保国家粮食安全具有重要的意义。

植物表皮蜡质是覆盖在陆生植物地上部分最外面的一层疏水性脂质有机混合物，是植物与环境之间的第一道防线，在植物与环境的直接互作中发挥着重要作用。表皮蜡质一般肉眼可见，主要以白霜状覆盖在植物各个组织器官的表面。表皮蜡质通过自我组装可以形成具有一定形态特征的蜡质晶体结构，包括片状、杆状、圆柱状、伞状、带状、管状、面包屑状、棒状和丝状等结构。表皮蜡质的合成是一个复杂的生物过程，需要多种酶的协同参与。多数植物表皮细胞合成蜡化合物的过程可分为三个主要阶段：首先是在质体中依赖脂肪酸合酶（FAS）系统从头合成 C16 和 C18 脂肪酸；然后在内质网（ER）进一步依赖脂肪酸延伸酶（FAE）系统延伸至 C20～C34 脂肪酸；最后通过烷烃合成途径或醇合成途径继续合成各种化合物。

植物表皮蜡质的组分十分复杂，目前通过气相色谱质谱联用技术（GC-MS）已经在植物表皮中鉴别出100多种化合物，主要包含了脂肪族化合物、环状化合物以及甾醇类化合物等有机化合物。在植物生长发育过程中，植物表皮蜡质成分和含量会随着植物种类、组织器官和生长环境的变化而有所不同。同一植物的不同组织器官蜡质成分有所不同，例如拟南芥叶片的蜡质成分主要为烷烃，而在茎秆中以酮类和烷烃为主；小麦表皮蜡质成分主要为烷烃、初级醇、脂肪酸、醛类和二酮等，其叶片蜡质成分主要为烷烃，而在叶鞘及穗部则主要为二酮类物质。

表皮蜡质在植物的生长发育过程中起重要的作用，能够保护植物免受生物和非生物胁迫，为植物适应复杂多变的环境提供了保证。研究表明，表皮蜡质可以减少植物体内水分的非气孔性散失，提高植物水分利用效率。特别是在干旱条件下，叶片蜡质含量与光合速率、水分利用效率和产量呈显著正相关，说明表皮蜡质有利于植物抗旱。此外，植物的表皮蜡质能够反射和吸收过量的紫外线从而减少紫外辐射造成的组织损伤。同时，蜡质层可以减少植物表面水分的滞留从而减少花粉、尘埃等在植物表面的堆积，维持植物表面清洁。表皮蜡质还能够有效地保护植物免受外界生物如昆虫、真菌和病原菌等的侵害；能够形成不同器官之间的接触区，防止植物器官的融合，促进植物的正常发育；能够通过调节ABA（脱落酸）的生物合成和信号传导途径来调控植物渗透胁迫耐受性。也有研究表明，逆境条件能够诱导水稻蜡质合成相关基因 *OsGL1* 的上调表达，从而促进水稻幼苗叶角质层蜡质的积累来抵御逆境。因此，表皮蜡质对小麦抵御多种生物和非生物逆境、培育抗逆和抗虫小麦品种非常关键。

本研究以EMS（甲基磺酸乙酯）诱变济麦22获得的两个蜡质突变体 *w5* 和 *glossy1* 为材料，对两个突变体进行了表型分析，通过构建分离群体并结合小麦参考基因组信息及重测序信息，对相应的基因进行精细定位，并对定位区间的候选基因进行了分析。鉴于植物表皮蜡质能够保护小麦免受外界环境中各种生物和非生物的胁迫，深入研究表皮蜡质、定位和克隆相关基因对于丰富小麦种质资源、培育抗逆小麦品种具有十分重要的意义。

第二节　国内外研究现状及发展动态

一、小麦基因组学研究进展

1. 小麦的起源和进化

普通小麦（*Triticum aestivum* L. ssp. *aestivum*，AABBDD）是由 3 个二倍体祖先种经过两次天然杂交并自然加倍而形成。大约在 50 万年前，A 基因组供体乌拉尔图小麦（*T. urartu*，AA，$2n=2x=14$）与 B 基因组供体拟斯卑尔脱山羊草（*Aegilops speltoides*，BB，$2n=2x=14$）发生天然杂交，形成了野生的二粒小麦（*T. turgidum*，AABB，$2n=4x=28$，异源四倍体）；大约在 8000 年前，驯化形成的栽培二粒小麦又与山羊草属的粗山羊草（*Ae. tauschii*，DD，$2n=2x=14$，也叫节节麦）发生天然杂交，最终形成普通小麦（AABBDD，$2n=6x=42$，异源六倍体）(Thomas et al.，2014)。因此，小麦具有二倍体（一粒小麦）、四倍体（二粒小麦）和六倍体（普通小麦）等不同类型，由于六倍体普通小麦对环境有更强的适应性，它很快就取代了早先栽培的一粒小麦和二粒小麦，成为今天栽培范围最广的小麦。

小麦作为世界三大粮食作物之一，是世界总产量排名第二的粮食作物，养活了全世界约 40%的人口，为人类提供了 20%的能量。然而，小麦染色体的六倍体特性导致其基因组极其巨大（超过 16GB，约为人类基因组的 5 倍、玉米的 7 倍、大豆的 14 倍、水稻的 35 倍、拟南芥的 100 多倍），且每个基因包含（至少）3 个位于 A、B、D 亚染色体组上高相似性的部分同源基因（Homoeo - allele），加上大量存在的重复序列，使得小麦功能基因的研究复杂而艰难，一直进展缓慢且落后于水稻、玉米等其他作物，严重制约了小麦功能基因组学的深入研究与品种改良工作的大力推进。

2. 小麦基因组学的研究进展

由于基因组庞大且结构复杂，小麦的基因组学研究长期滞后于其他主粮作物（如水稻、玉米）。近年来，随着高通量测序成本降低和分析技术进步，小麦基因组从头组装、全基因组测序、转录组和表观组等多组学数据快速积累，驱动了小麦领域研究范式的快速转变。随着测序和组装技术的飞速发展，小麦基因组的神秘面纱逐渐被揭开。

随着全基因测序技术的不断升级和优化，小麦基因组学领域取得了一系列重大进展。2012 年 *Nature* 期刊公布了六倍体小麦的鸟枪法测序结果，2013 年以来各国科学家也相继发布了二倍体祖先种和野生二粒小麦的基因组草图（Avni et al.，2017；Ling et al.，2013；Luo et al.，2013）。2014 年 7 月，*Science* 杂志的小麦专辑上，国际小麦全基因组测序联盟（IWGSC）公布了基于染色体分离（Chromosome - based）的六倍体小麦全基因组草图，预示着小麦研究正式进入全基因组时代。2018 年 8 月，高质量的六倍体小麦参考基因组在 *Science* 杂志上的刊发，标志着小麦品种改良和育种研究将进入一个全新的时代。借助于基因组测序及组装技术的飞速进步，中国春之外的多个六倍体小麦的参考基因组（包括西藏半野生小麦和 10＋基因组项目的 10 个六倍体小麦）的测序组装等得以较快速度完成（Guo et al.，2020；Walkowiak et al.，2020），从而正式宣告六倍体小麦基因组研究进入泛基因组（Pan - Genome）时代。

不同倍性小麦基因组测序的完成，加速了科学家利用基因与性状之间的相关性来辅助小麦育种的进程，从而培育出在产量、品质、抗性和适应性等多方面均改善的小麦新品种，相信在不久的将来，小麦将会在农业生产中发挥更大的作用。同时，异源多倍体面包小麦高质量基因组的获得也为大型复杂基因组的研究指明了方向。

3. 普通小麦多倍化和基因组的不对称性

近年来，得益于DNA测序与基因芯片等分子技术的快速发展，植物多倍化与多倍体基因组进化领域的研究已取得了很大进展。就染色体水平而言，对人工合成与天然多倍体物种中多倍化的研究发现非整倍体与染色体结构变异普遍存在；就DNA和染色质水平而言，多倍化可在较短时间内诱导全基因组水平的遗传与表观遗传修饰改变；就RNA和蛋白质水平而言，多倍化可诱导全基因组范围内基因表达和基因产物丰度的改变。这些研究从多个层次系统地证实多倍化可以促进物种多样化与基因组进化。近年来，很多重要的多倍体物种及其二倍体亲本已完成高质量参考基因组测序，如小麦、棉花和油菜等。通过比对分析多倍体物种及其二倍体亲本发现一些共性现象。例如，大多数多倍体物种的二倍体祖先在基因组加倍后会出现染色体重排与基因丢失，以及遗传与表观遗传水平的亚基因组不对称进化与基因组优势（Genome dominance）等（Wendel et al.，2016；Wendel et al.，2018）。

普通小麦是典型的异源六倍体作物，具有A、B、D 3个亚基因组。理论上，任何一个基因都具有3个部分同源基因，并且存在功能冗余现象，即单一基因的突变可能不存在明显的表型变化。但是，大量研究结果表明，3个部分同源基因对性状发生的调控存在不对称性，出现了功能的分化。综合前人对小麦重要性状的遗传和定位等研究结果，Feldman等（2012）提出了亚基因组不对称性概念，即不同基因组上控制不同性状的QTL（数量性状基因座）或基因具有偏好性，并不是随机的。表1-1归纳了小麦不同亚基因组控制的各种农艺性状相关的基因。从表中可以发现，A基因组主要调控植株形态、穗部形态和主要的驯化性状，如不易断穗（Nalam et al.，2006）和易脱粒（Sears，1954）；B基因组存在大部分抗病基因，如秆锈病、条锈病和叶锈病等降低世界小麦产量的重要病害相关基因，且B基因组含有的抗病基因是A和D基因组的2倍（Fahima，2006）；此外，D基因组上含有许多和小麦品质相关的位点，如高籽粒蛋白、籽粒强度、面筋强度和面粉蛋白质含量等。另外还发现，与A基因组不同的是，B和D基因组含有影响植物生长发育（光周期和春化）的基因及对非生物胁迫响应的抗性基因，如B基因组中含硼耐受相关基因（Paull et al.，1991）、镉吸收低耐受基因（Penner et al.，1995）、铁缺乏的耐受基因（OI，1992）和大部分除草剂抗性基因（Snape，1987），而D基因组中包含铝抗性基因（Riede，1996）和盐胁迫响应基因（Dubcovsky，1996）。B和D基因组含控制株高（*Rht*）和赤霉素（GA）敏感性（*Ga*）的重要基因，并且在培育现代矮秆和半矮秆小麦品种中发挥了核心作用。B和D基因组还具控制谷物蛋白质含量（Law et al.，1978；Joppa et al.，1990）和谷物硬度的基因（Morris et al.，1999；Chantret et al.，2005），此外还含有蜡质合成和抑制基因（Tsunewaki et al.，1999）。

表1-1　硬粒小麦和普通小麦中控制农艺性状的基因组不对称性（Feldman et al.，2012）

性　状	性状控制基因		
	A基因组	B基因组	D基因组
颖壳的伸长	*7AL-EgP1*	*7BL-EgP2*	—
穗分枝	*2AS-Bh*	—	—
非脆性轴	*2A-brA2*；*3AS-brA1*	*3BS-brB1*	—
易脱粒	*5AL-Q*	—	—
颖壳的松散性	—	*2BS-tg2*	*2DS-tg1*
株高矮化	*2A-Rht7* *5AL-Rht12*	*4BS-RhtB1* *2BL-Rh4*；*3BS-Rht5*	*4DS-RhtD1* *2DL-Rht*

（续）

性 状	性状控制基因		
	A基因组	B基因组	D基因组
株高矮化	—	7BS - Rht9；Rht13	—
谷物蛋白质含量	—	6BS - GpcB1	5DL - Pro1；5DS - Pro2
籽粒硬度	—	—	5DS - Ha
嘌呤吲哚和谷物柔软度蛋白	—	—	5DS - PinD1
赤霉酸响应	—	4BS - Ga1；Ga3	4DS - Ga2
蜡质合成	—	2BS - W1	2DS - W2
蜡质合成的上位性抑制	—	2BS - Iw1；1BL - Iw3	2DS - Iw2
雄性不育	3A - Ms5；5AS - Ms3	4BS - Ms1	4DS - Ms2；Ms4
同源配对	—	5BL - Ph1	3DS - Ph2
杂种败育	—	2B - Ne；25BL - Ne1	—
杂种萎黄症	2A - Ch1	—	3DL - Ch2
铝耐受	—	—	4DL - Alt2
硼耐受	—	7BL - Bo1	—
低镉吸收	—	5BL - Cdu1	—
铁缺乏	—	7BS - Fe2	7DL - Fe1
地芬草胺不敏感	—	2BL - Dfg1	—
绿藻糖不敏感	—	6BS - Su1	—
咪唑啉抗性	6AL - Imi3	6BL - Imi2	6DL - Imi1
光周期响应	—	2BS - Ppd - B1	2DS - Ppd - D1
春化响应	5AL - Vrn - A1	5BL - Vrn - B1；7BS - Vrn - B3	5DL - Vrn - D1；5DL - Vern - D4；D5
盐胁迫响应	—	—	4DL - Kna1
抗冻	5AL - Fr1		5DL - Fr2

二、植物表皮蜡质形态结构及组分的研究进展

表皮蜡质是指覆盖在植物表皮细胞外的一层疏水结构，一般肉眼可见，主要以白霜状覆盖在植物的茎、叶、果实等各个组织器官的表面（吉庆勋等，2012）。表皮蜡质通过自我组装可以形成具有一定形态特征的蜡质晶体结构，包括片状、杆状、圆柱状、伞状、带状、管状、面包屑状、棒状和丝状等结构（Barthlott et al., 1998）。研究表明，蜡质的化学成分与其晶体结构存在直接的关系。Koch 和 Ensikat（2008）研究发现蜡质表皮所形成的晶体结构由它所含的化学成分决定，当蜡质成分中含有较为丰富的次级醇、二酮时，蜡质晶体结构为管状；含有初级醇则形成片状的晶体结构；而以烷烃为主要成分时则不形成明显的晶体结构因而在扫描电镜下呈现出光滑的膜状蜡质。研究表明，不同物种表皮蜡质晶体结构不同，同一植株不同组织器官的蜡质晶体结构也存在差异。此外，植物表皮形成的不同蜡质晶体结构还会受到外界环境如空气质量、气候环境以及紫外线照射等的影响（Gordon et al., 2008）。

表皮蜡质是脂肪族化合物的复杂混合物，主要来自脂肪酸代谢，脂肪族链通常包含 24～34 个碳（Jetter et al., 2006）。大多数蜡类化合物都有氧官能团，主要在一个链端，但也有在中链碳上。蜡混合物的组成在植物种类和器官之间差异很大，导致化合物种类和链长的特征分布（Busta et al., 2018）。常见蜡类化合物的合成分为 3 个阶段：①由可塑性脂肪酸合成酶（FASs）形成 C16 脂肪酰基；②内质网（ER）中的脂肪酸延伸酶（FAEs）进一步延伸为长链（VLC）酰基辅酶 A；③在还原为醇或脱羰为烷的途径上进行羧基头基的修饰（Samuels et al., 2008a）。

许多植物在表皮蜡质中积累特殊的化合物，通常以中链 β-二酮的形式存在。超长链 β-双酮存在于不同双子叶植物（如桃科、杜鹃花科、石竹科和菊科）和单子叶植物（如玉簪属和香草属）中

(Ramaroson et al., 2000; Jenks et al., 2002)。β-二酮在禾本科中尤其普遍，包括小麦（*Triticum durum*, *T. aestivum*）(Racovita et al., 2016)、大麦（*Hordeum vulgare*）和黑麦（*Secale cereale*）等作物。例如，大麦蜡中主要含有 C31 14，16-二酮，以及少量的 C33 和 C29 二酮（Mikkelsen et al., 1979）。在许多物种中，β-二酮合成途径会产生副产物 2-烷醇酯。β-二酮在禾本科作物的营养生长和生殖生长后期产生，特别是在覆盖上叶鞘、旗叶和穗状花序的蜡质中（Wang et al., 2015b）。早期通过同位素示踪研究大麦中β-二酮合成表明，3-酮酸是生成 C31 14,16-二酮的关键中间体，但却缺乏支持这一假设的明确证据（Mikkelsen et al., 1979）。β-二酮是干旱条件下最受动态调节的蜡成分之一，具有较高的水利用效率和光反射率（Richards et al., 1986）。因此，β-二酮在逆境下对维持粮食产量至关重要，其积累是作物育种中高度选择的有利农艺性状。

三、植物表皮蜡质功能的研究进展

陆生植物表面普遍分布着一层肉眼可见的白霜状蜡质层，作为植物与环境直接接触的第一道屏障，表皮蜡质在植物的生长发育过程中起重要的作用，能够保护植物免受生物和非生物胁迫，其主要功能主要包括以下几个方面。

1. 抗旱保水

植物表皮蜡质覆盖在植物最外层，能够减少植物体内非气孔性水分的散失，降低植物的蒸腾速率，提高植物水分利用效率。此外，受环境因素的强烈影响，表皮渗透性随着叶表面温度的升高而增加，这可能是由于表皮渗透性增加、水蒸发增强有助于植物降温(Shepherd et al., 2006)。表皮蜡质的含量及成分的变化都会导致植物的抗旱性的变化。郭彦军等（2011）研究发现在缺水胁迫下，抗旱性较强的苜蓿表皮蜡质含量并无明显变化，但是抗旱性较弱品种表皮蜡质含量和叶片蒸腾速率显著降低。Vogg 等（2004）研究发现相比于野生型番茄，蜡质缺失突变型番茄表皮蜡质脂肪族化合物减少一半，然而失水率是野生型的 4 倍，说明表皮蜡质成分的变化与植物水分散失存在直接关系。Kim 等（2019）研究发现 *sagl1* 突变体茎上的蜡质晶体密度更高，叶片表皮细胞角质层和细胞壁的厚度也显著增加，耐旱能力相对野生型更高。

2. 作为光辐射保护层

植物正常的生长发育离不开适量的紫外线辐射，但是过强的辐射则会对植物造成一定的伤害，植物的表皮蜡质能够反射或吸收过量的紫外线辐射从而保护植物组织。对黄瓜子叶的表皮脂质的初步研究表明，在增强紫外线辐射（UV－B：280～320 nm）的条件下，表皮蜡含量也会相应增加（Tevini et al.，1987）。Long 等（2003）在研究紫外线辐射对玉米蜡质突变体的影响时发现，蜡质缺失突变体植株的抗紫外线辐射能力显著低于正常植株，说明植物表皮蜡质在抵御紫外线辐射伤害中发挥重要作用。研究发现植物表皮蜡质可以反射紫外线辐射，而经过处理蜡质减少后，植物的紫外线反射能力则显著降低（Holmes et al.，2002）。除此之外，有学者认为，紫外线辐射会影响植物表皮蜡质的合成，受到不同程度紫外线照射的植物，其表皮蜡质合成也会发生不同程度的改变。同时，由于不同植物对于紫外线辐射的敏感性不同，也导致植物表皮蜡质的变化有较大的差异。

3. 防止其他生物的侵害

植物表皮蜡质可以有效地保护植物免受外界生物如昆虫、真菌和病原菌等的侵害。在某些植物中，表皮蜡层可能是由于昆虫捕食或其他活动导致功能进化而来（Eigenbrode et al.，1995）。植物表皮蜡质对昆虫的产卵、吞噬和迁移能力等都有间接的影响，而蜡质对昆虫的附着有直接的影响（Bodnaryk，1992；Brennan et al.，2001；Gaume et al.，2004）。玉米 *Glossy* 基因通过调控超长链脂肪酸合成进而调节茉莉酸介导的化学防御反应，阐释了表皮蜡质和植食性昆虫诱导的茉莉酸合成之间的拮抗关系（Liu et al.，2024）。研究表明角质层蜡质可以影响病原菌孢子的萌发或孵化（Hegde，1997；Gniwotta et al.，2005），植物表皮缺损通常会导致其对病原体的敏感性增加（Xiao et al.，2004；Lee et al.，2009）；某些植物病原真菌在定植过程中会产生角质酶，以促进其在角质层中的移动（Kolattukudy et al.，1995）。

4. 其他功能

植物表面的表皮蜡质是由一层疏水的亲脂性混合物组成，限制了灰尘、花粉、污染物和病原体孢子的沉积，从而保持植物表面的清洁（Barthlott et al.，1997）。另外，植物表皮蜡质还能够形成不同器官之间的接触区，防止植物器官的融合，促进植物的正常发育。例如，拟南芥的蜡质突变体 *wax1*、*cer10* 和 *cer13* 改变了叶片的形态并且显示出器官融合的现象（Jenks et al.，1996）；相似的，玉米中的黏附突变体 *ad1* 表现为叶片融合，叶片反射率改变和蜡沉积减少（Sinha et al.，1998）；另外，拟南芥中 *LACS1* 和 *LACS2* 参与长链脂肪酸的合成，*lacs1lacs2* 双突植株表现出器官融合和花发育异常（Weng et al.，2010）。植物角质层还可以通过调节 ABA 的生物合成和信号传导途径来调控植物渗透胁迫耐受性（Wang et al.，2011）。此外，一些表皮蜡降低的拟南芥突变体，例如 *cer1*、*cer3*、*cer6-1* 和 *pop1*（表现为花粉-雌蕊相互作用不良，又名 *cer6-2*），表现出花粉被膜结构和花粉育性的改变（Preuss et al.，1993；Hülskamp et al.，2010）。

四、植物表皮蜡质的生物合成、转运与调控的研究进展

植物角质层是沉积在陆地植物各组织器官表面上的一种细胞外脂质结构，它由表皮细胞产生和分泌的角质聚合物基质和表皮蜡质组成，可保护植物免受生物和非生物胁迫。在过去的几十年，通过对拟南芥（*Arabidopsis thaliana*）、高粱（*Sorghum bicolor*）、大

麦（*Hordeum vulgare*）和玉米（*Zea mays*）等模式植物中的 *eceriferum*（*cer*）、*bloomless*（*bm*）和 *glossy*（*gl*）蜡质突变体的大量研究，表皮蜡质的合成、转运和调控机制得以清楚阐明。参与模式植物（拟南芥、水稻和玉米）表皮蜡质生物合成、转运和调控等相关基因如表 1-2 所示。

表 1-2　拟南芥、水稻和玉米中参与表皮蜡质生物合成、转运和调控的相关基因

类型	物种	基因名称	基因号	基因功能
	拟南芥	*ACC1*	*At1g36160*	乙酰辅酶 A 羧化酶
	拟南芥	*FATB*	*At1g08510*	脂酰-ACP 硫酯酶
	拟南芥	*KCS1*	*At1g01120*	β-酮酰辅酶 A 合成酶
	拟南芥	*KCS2/DAISY*	*At1g04220*	β-酮酰辅酶 A 合成酶
	拟南芥	*KCS5/CER60*	*At1g25450*	β-酮酰辅酶 A 合成酶
	拟南芥	*KCS6/CER6/CUT1*	*At1g68530*	β-酮酰辅酶 A 合成酶
	拟南芥	*KCS18/FAE1*	*At4g34520*	β-酮酰辅酶 A 合成酶
	拟南芥	*KCR1*	*At1g67730*	β-酮酰辅酶 A 还原酶
	拟南芥	*KCR2*	*At1g24470*	β-酮酰辅酶 A 还原酶
生物合成	拟南芥	*CER1*	*At1g02205*	参与烷烃形成
	拟南芥	*CER2*	*At4g24510*	脂肪酸延伸调节子
	拟南芥	*CER3/WAX2/YRE/FLP1*	*At5g57800*	参与烷烃形成
	拟南芥	*AlcFAR3/CER4*	*At4g33790*	参与醛和初级醇形成
	拟南芥	*ECR / CER10*	*At3g55360*	烯酰辅酶 A 还原酶
	拟南芥	*WSD1*	*At5g37300*	参与醇形成
	拟南芥	*MAH1*	*At1g57750*	中链烷烃羟化酶
	拟南芥	*HCD/PAS2*	*At5g10480*	β-羟酰基辅酶 A 脱水酶
	拟南芥	*LACS1/CER8*	*At2g47240*	长链酰基辅酶 A 合成酶
	拟南芥	*LACS2*	*At1g49430*	长链酰基辅酶 A 合成酶
	拟南芥	*LACS4*	*At4g23850*	长链酰基辅酶 A 合成酶

（续）

类型	物种	基因名称	基因号	基因功能
	拟南芥	*LACS6*	*At3g05970*	长链酰基辅酶A合成酶
	拟南芥	*LACS7*	*At5g27600*	酰基辅酶A合成酶
	玉米	*GLOSSY1*	*GRMZM2G114642*	参与烷烃的合成
	玉米	*GLOSSY2*	*GRMZM2G098239*	脂肪酸延伸调节子
	玉米	*GLOSSY4*	*GRMZM2G003501*	β-酮酰辅酶A合成酶
	玉米	*GLOSSY8A*	*AC205703.4_FG006*	β-酮酰辅酶A还原酶
	玉米	*GLOSSY8B*	*GRMZM2G087323*	β-酮酰辅酶A还原酶
生物合成	水稻	*WSL1*	*LOC_Os06g059800*	β-酮酰辅酶A合成酶
	水稻	*WSL2*	*LOC_Os09g0426800*	参与烷烃合成
	水稻	*WSL3*	*LOC_Os04g40730*	β-酮酰辅酶A还原酶
	水稻	*WSL4*	*LOC_Os03g12030*	脂肪酸延长酶
	水稻	*ONI1*	*LOC_Os03g08360*	β-酮脂酰-CoA合酶基因
	水稻	*Wda1*	*LOC_Os10g33250*	参与脂肪酸代谢
	水稻	*OsGL1-1*	*LOC_Os09g25850*	脱氢酶/还原酶
	水稻	*DPW*	*LOC_Os03g07140*	脂酰载体蛋白还原酶
	水稻	*WSL5*	*LOC_Os03g04660*	超长奇数碳链伯醇合成
	拟南芥	*WBC12/ABCG12/CER5*	*At1g51500*	ABC转运子
	拟南芥	*WBC13/ABCG13*	*At1g51460*	ABC转运子
	拟南芥	*WBC11/ABCG11/DSO/COF1*	*At1g17840*	ABC转运子
转运	拟南芥	*LTPG1*	*At1g27950*	脂转运蛋白
	拟南芥	*LTPG2*	*At3g43720*	脂转运蛋白
	拟南芥	*WBC27/ABCG26*	*At3g13220*	ABC转运子
	拟南芥	*ABCG32*	*At2g26910*	ABC转运子
	拟南芥	*GNL1* *ECH*	*At5g39500* *At1g09330*	囊泡转运机制
	拟南芥	*ACBP1*	*At5g53470*	酰基辅酶A结合蛋白
	水稻	*OsABCG31*	*LOC_Os01g08260*	ABC转运子

（续）

类型	物种	基因名称	基因号	基因功能
转运	水稻	*OsC6*	*LOC_Os11g37280*	脂转运蛋白
	玉米	*GLOSSY13*	*GRMZM2G118243*	ABC 转运子
调控	拟南芥	*AtCFL1*	*At2g33510*	WW 结构域蛋白
	拟南芥	*AtCFL2*	*At1g28070*	WW 结构域蛋白
	拟南芥	*WIN/SHN1*	*At1g15360*	AP2/EREBP 转录因子
	拟南芥	*SHN2*	*At5g11190*	AP2/EREBP 转录因子
	拟南芥	*SHN3*	*At5g25390*	AP2/EREBP 转录因子
	拟南芥	*MYB41*	*At4g28110*	R2R3 - MYB 转录因子
	拟南芥	*MYB30*	*At3g28910*	R2R3 - MYB 转录因子
	拟南芥	*MYB96*	*At5g62470*	R2R3 - MYB 转录因子
	拟南芥	*MYB94*	*At3g47600*	R2R3 - MYB 转录因子
	拟南芥	*MYB16*	*At5g15310*	R2R3 - MYB 转录因子
	拟南芥	*MYB106*	*At3g01140*	R2R3 - MYB 转录因子
	拟南芥	*DEWAX*	*At5g61590*	AP2 - ERF - type 转录因子
	拟南芥	*HDG1*	*At3g61150*	HD - ZIP Ⅳ转录因子
	拟南芥	*CER9*	*At4g34100*	E3 泛素连接酶
	拟南芥	*PAS1/DEI1*	*At3g54010*	类抑免蛋白
	拟南芥	*CER7*	*At3g60500*	RRP45 3′核酸外切酶
	拟南芥	*HUB1*	*At2g44950*	参与翻译后调控
	拟南芥	*HUB2*	*At1g55250*	参与翻译后调控
	拟南芥	*SAGL1*	*At1g55270*	介导长链烷烃生物合成酶 CER3 降解
	水稻	*WDA1*	*LOC_Os10g33250*	调节蛋白
	水稻	*DWA1*	*LOC_Os04g39780*	调节蛋白
	水稻	*OsWR1*	*LOC_Os02g10760*	AP2/EREBP 转录因子
	水稻	*OsWR2*	—	转录因子
	水稻	*CFL1*	*LOC_Os02g31140*	WW 结构域蛋白

（续）

类型	物种	基因名称	基因号	基因功能
调控	玉米	*GLOSSY3*	*GRMZM2G162434*	转录因子
	玉米	*GLOSSY15*	*GRMZM2G160730*	转录因子
	玉米	*OCL1*	—	同源域-亮氨酸拉链Ⅳ转录因子

植物表皮蜡质的合成与转运是一个复杂的过程，受多种酶、细胞器、转录因子的共同参与和调控。同时，表皮蜡质的形成受生长发育相关基因和环境因素共同作用。通过总结现有的蜡质合成调控模式，主要可以分为环境因子的调控和基因水平的调控两大类。基因水平的调控又包括转录水平、转录后水平以及翻译后水平 3 种调控类型，其中转录水平的调控被认为是最主要的调控类型（Lee et al.，2015）。

1. 植物表皮蜡质的生物合成研究进展

表皮蜡质的合成是一个复杂的生物过程，需要多种酶的协同参与。蜡质合成大致分为 3 个阶段：①质体内脂肪酸的从头合成，这些合成的脂肪酸可作为其他脂质合成的前体；②质体外超长链脂肪酸化合物（VLCFAs）的合成；③各类衍生物的合成。

（1）质体内脂肪酸的从头合成　质体内脂肪酸的合成主要是 C16 和 C18 长度的脂肪酸的合成，该过程主要以酰基乙酰辅酶 A（Acetyl - CoA）为底物，由脂肪酸合成酶复合体（Fatty Acid Synthase，FAS）催化合成，它是一种含有酰基载体蛋白（Acyl Carrier Protein，ACP）的可溶性脂肪酸合成酶复合体（Dehesh et al.，2001；Leibundgut et al.，2007）。该复合体主要是由 4 个单功能催化酶组成，即：β-酮乙基- ACP 合成酶（KAS）、β-酮乙基-ACP 还原酶（KAR）、3 -羟烷基- ACP 脱水酶（HAD）和烯酰-ACP 还原酶（ENR）（Li - Beisson et al.，2013）。脂肪酸的合成过程需要以上 4 种酶的连续催化：首先，底物乙酰辅酶 A 与丙二酰-

ACP在KAS的作用下，发生缩合反应，生成β-酮酰-ACP；其次，KAR将β-酮酰-ACP还原成β-羟酰-ACP；再次，β-羟酰-ACP被HAD催化后生成反式-Δ2-烯酰ACP；最后，ENR作用于反式-Δ2-烯脂酰ACP，将其还原成酰基-ACP（Yasuno et al.，2004；Silva R G，2006）。以上过程循环6～7次，每个循环会在原来的碳链上增加2个碳原子，直到形成C16或C18酰基ACP，然后由酰基ACP硫解酶（Fatty acyl-ACP thioesterase，FAT）将它们从ACP载体蛋白上释放出来，形成自由脂肪酸，总碳链的长度被延长成为C16～C18（Murphy，2005）。

（2）质体外超长链脂肪酸化合物（VLCFAs）的合成　质体内C16和C18脂肪酸合成后被转运到内质网（ER）上作为底物参与进一步的延伸反应，丙二酰辅酶A（CoA）作为碳原子供体，由结合在内质网上的多酶脂肪酸延伸酶复合体（Multienzyme Fatty acid Elongase，FAE）催化，从而形成超长链脂肪酸化合物（VLCFAs）。该过程是在表皮细胞的内质网中进行，形成机制与C16和C18脂肪酸从头合成机制类似，FAE对脂肪酸的延伸也是由四步连续反应实现的。每个循环过程分别在β-酮脂酰CoA合酶（KCS）、β-酮脂酰CoA还原酶（KCR）、β羟酰-CoA脱水酶（HCD）和烯脂酰CoA还原酶（ECR）催化下，经过缩合、还原、脱水和还原4个连续的酶促反应完成脂肪酸的延伸。脂肪酸碳链在每次循环反应后增加2个碳原子，最终产生具有24～36个碳原子的饱和超长链脂肪酸（Kunst et al.，2003；Beaudoin et al.，2009；Kunst et al.，2009；Bernard et al.，2013）。

（3）VLCFA衍生物的合成　尽管来自不同物种、不同植物器官和处于不同发育状态的植物表皮蜡质的化学成分差异很大，但脂肪族VLCFA衍生物普遍存在于蜡质组分中。在大多数植物中，VLCFA衍生物在内质网中合成后，继续通过两种生物合成途径加工合成蜡质的各种成分，一种是参与伯醇和蜡酯生产的酰基还原

（醇形成）途径，另一种是形成醛、烷烃、仲醇和酮的脱羰（烷形成）途径（Kunst et al.，2003；Jetter et al.，2008；Javelle et al.，2011；Bernard et al.，2013）。

酰基还原途径主要负责偶数碳原子的伯醇和蜡酯的合成。研究表明，伯醇由脂肪酰基辅酶A还原酶（FAR3/CER4）生成，生成的脂肪醇和C16：0酰基辅酶A被双功能蜡合酶/酰基辅酶A［二酰基甘油酰基转移酶（WSD1）］进一步缩合形成蜡酯（Owen et al.，2006；Li et al.，2008）。脱羰途径主要负责奇数碳原子为主的醛和烷烃等的合成。首先，超长链脂肪酸辅酶A前体（C20-C36）通过CER1/CER3间接或直接脱羰形成烷烃；接着，在中链烷烃羟化酶（MAH1）羟基化作用下，以烷烃为底物，生成次级醇；最后，次级醇在中链烷烃羟化酶（MAH1）的羟基化作用下被催化成酮类（Greer et al.，2007；Samuels et al.，2008b；Bernard et al.，2013）。

β-二酮作为表皮蜡质的核心成分，其合成途径已经在许多研究中得以报道。2023年研究进一步明确了大麦中β-二酮的形成途径（从酰基前体到各种蜡成分的路径）。常见的蜡成分是由酰基载体蛋白（ACP）和酰基辅酶A延伸形成的，导致β-二酮和相关的2-烷醇酯通过中心3-酮酸中间体进行：二酮代谢水解酶（DMH）拦截质体脂肪酸合酶（FAS）的3-酮酰ACPs结合脂肪酸延长酶（FAE）的3-酮酰辅酶A中间体。3-酮酸可以转化为2-烷醇酯或β-二酮。从3-酮酸到β-二酮有两种可能的反应途径：①延伸假说涉及长链酰基辅酶A合成酶（LACS）激活，二酮代谢聚酮合成酶（DMP）与C2单位（来自丙二酰辅酶A）缩合，进一步延伸，通过硫酯酶（TE）和脱羧酶或脱羧酶CER3/CER1类酶去除头基团；②头对头缩合假说预测DMP缩合脂肪酸酰基辅酶A启动剂和3-酮酸延伸剂。一种二酮代谢细胞色素p450（DMC）酶可能羟基化β-二酮，产生羟基β-二酮（Sun et al.，2023）。

2. 植物表皮蜡质的转运途径研究进展

表皮蜡质的各组分在表皮细胞中合成后，必须从内质网的合成位点经高尔基体的分泌途径或直接的分子转移的方式转运至质膜(PM)，并通过质膜的脂质双分子层释放到质外体，最后跨整个周缘亲水细胞壁转运至角质层，然后自行组装成蜡质层沉积在植物表面（Kunst et al.，2009）。

表皮蜡质的转运过程涉及多个转运蛋白。表皮蜡质从内质网向质膜的转运可能是由高尔基体介导的分泌性囊泡运输或在质膜(PM）相关的接触部位直接转移实现的，但具体机制尚不明确。在从质膜转运到质外体的过程中，两个 ATP 结合盒（ABC）转运蛋白（ABCG12/CER5 和 ABCG11/WBC11/COF1/DSO）的异二聚体参与了表皮蜡的转运（Mcfarlane et al.，2010）。研究认为脂质转移蛋白（LTPs）在角质层蜡成分通过亲水细胞壁的运输中有重要作用。最近，已有研究显示糖基磷脂酰肌醇（GPI）锚定的脂质转移蛋白 1（LTPG/LTPG1）和脂质转移蛋白 2（LTPG2）直接或间接参与了表皮蜡的转运或积累（Debono et al.，2009；Kim et al.，2012），但其在表皮蜡转运或沉积中的功能机制尚未确定。

3. 植物表皮蜡质的调控研究进展

表皮蜡质的调控模式主要可以分为环境因子的调控和基因水平的调控两大类。基因水平的调控又包括转录水平、转录后水平以及翻译后水平 3 种调控类型，其中转录水平的调控被认为是最主要的调控类型（Lee et al.，2015）。

植物表皮蜡质合成受环境因子的调控已经有大量研究证实。例如，在干旱、盐分、渗透胁迫或外源施加脱落酸（ABA）后，拟南芥叶片上的表皮蜡总量增加了约两倍，而在黑暗条件下蜡质总含量减少了约 20%（Kosma et al.，2009；Go et al.，2014）。除此之外，有些植物在受到昆虫或病原菌的侵染时，蜡质合成相关基因的表达量会相应下降，但目前尚不清楚其调控机制（Kosma et al.，2010）。

转录水平的调控是植物表皮蜡质合成代谢调控的主要形式，目前主要在模式植物拟南芥中有较多的研究，涉及五大类蛋白家族。第一类是 AP2－EREBP－type 家族，主要包含 WIN1/SHN1、SHN2 和 SHN3，是表皮蜡质生物合成的激活者。在拟南芥中过表达 WIN1/SHN1 可以诱导 *KCS1*、*CER1* 和 *CER2* 等几个蜡质相关基因表达，使其转录水平上调，造成叶片中链烷烃的快速积累（Aharoni et al.，2004；Broun et al.，2004；Kannangara et al.，2007）。第二类是 R2R3－type MYB 家族，主要包含 MYB30、MYB96、MYB94、MYB16 和 MYB106 五个转录因子。MYB30 参与蜡质响应病原侵害的调控，是超长链脂肪酸生物合成基因表达的正调控转录因子，主要上调 *KCS1*、*FDH*、*KCR1*、*ECR* 和 *CER2* 的表达水平（Raffaele et al.，2008）。MYB96 和 MYB94 这两个转录因子均可受干旱胁迫诱导，能独立或协同地激活蜡质合成相关基因（Seo et al.，2011；Lee et al.，2014）。MYB16 和 MYB106 转录因子也参与到植物角质发育的调控，而且还有研究表明 MYB106 是 WIN1/SHN1 的正向调控因子（Oshima et al.，2013）。另外三类分别是属于 WW Domain protein 家族的 CFL1 转录因子、Class Ⅳ HD－ZIP 家族的 HDG1 转录因子和 AP2－ERF－type 家族的 DEWAX 转录因子，其中 DEWAX 是目前为止发现的第一个负向调控转录因子，能够在白昼循环过程中负向调控表皮蜡质的合成（Wu et al.，2011；Go et al.，2014）。另外，Wang 等（2012）在水稻叶片蜡质研究中发现一个与拟南芥 WIN1/SHN1 同源的基因 *OsWR1*，Javelle 等（2010）在玉米苗期叶片中发现一个表皮特异表达的转录因子，都能正向调控蜡质的合成代谢。

除转录水平的调控外，在拟南芥中蜡质的合成代谢还在转录后水平及翻译后水平受到调控。研究表明，拟南芥的 *CER7* 参与了茎总蜡质的调控，且 *CER7* 具有核酸外切酶活性，可能通过降解

CER3 阻遏蛋白的转录从而正向调控 *CER3* 的表达（Hooker et al.，2007）。*CER9* 基因，作为一个含 RING 结构域的 E3 泛素酶，通过泛素化和错误折叠、不折叠的降解方式破坏内质网中的蛋白从而负向调控表皮脂质的生物合成（Lu et al.，2012）。除此之外，两个编码 RING 的 E3 泛素酶 HUB1 和 HUB2，能通过泛素化组蛋白 H2B，来激活蜡质合成基因 *LACS2* 和 *CER1* 的转录（Rozenn et al.，2014）。最近的研究表明，*SAGL1* 通过 26S 蛋白酶体介导 CER3（ECERIFERUM3，长链烷烃生物合成酶）的降解，从而负调控表皮蜡质的生物合成，该途径是陆生植物在不同水分条件下维持表皮蜡生物合成稳态的关键调节因子（Kim et al.，2019）。

五、大麦和小麦表皮蜡质相关基因的研究进展

表皮蜡质是普遍覆盖在植物各器官表面的一层疏水有机混合物，是植物与环境的直接接触的界面，也是植物适应不断变化的生长环境的保障。沉积在植物表面的蜡质层由多种不同的化合物组成，且蜡质组分和含量在不同物种、不同器官、不同的生长阶段以及不同的生长环境之间差异很大（Buschhaus et al.，2011；Bernard et al.，2013）。然而，由于大多数关于表皮蜡质的研究都是在模式植物中进行的，例如拟南芥（*Arabidopsis thaliana*）、玉米（*Zea mays*）、番茄（*Solanum lycopersicum*）和水稻（*Oryza sativa*），对许多其他物种的独特性了解得很少，特别是禾本科物种，例如小麦（*Triticum* spp.）、大麦（*Hordeum vulgare*）、黑麦（*Secale cereale*）和燕麦（*Avena sativa*）中的研究相对较少。

1. 大麦表皮蜡质相关基因的研究进展

大麦和小麦是大约 10 000 年前在新月沃地开始农业革命的两种奠基作物（Austin，2012），二者同属早熟禾亚科（Festucoideae）小麦族（Triticeae），不仅在进化上的亲缘关系相近，许多性状在遗传上也十分相似。因此，大麦的研究进展对小麦

表皮蜡质相关基因的研究具有重要的参考价值。

迄今为止，对大量突变体的研究已经获得一系列关于大麦蜡质基因的成果，大麦蜡质相关基因研究进展如表 1-3 所示。陈国雄等克隆了蜡质相关基因 *Eibi1*，并证明其编码 ABC 转运蛋白 G 亚家族的一个全转运子 HvABCG31，DNA 序列全长 11 693 bp，位于大麦 3H 染色体上，主要在苗期伸长区的幼叶组织中表达。*Eibi1* 基因功能缺失会导致叶片表皮细胞中脂质成分的大量积累，叶片表面角质层变薄，角质含量减少，同时角质层结构不完整，叶片失水快，保水抗旱能力差（Chen et al.，2004；Chen et al.，2009；Chen et al.，2011；Yang et al.，2013）。通过对大麦中表现为减少或不存在表皮蜡状晶体的 1 580 个蜡质 *cer* 突变体分析，定位到 79 个控制蜡质性状的位点（Lundqvist et al.，1985；Lundqvist et al.，2008）。其中至少 8 个与蜡质相关的突变体已经被鉴定，包括 *cer-zv*（Li et al.，2013b）、*cer-ym*（Chao et al.，2015）、*cer-zg*（Li et al.，2013a）、*cer-b*（Zhou et al.，2017）、*cer-zh*（Li et al.，2018）、*cer-c*、*cer-q*、*cer-u*（Wettstein-Knowles et al.，1980）。通过突变体 *cer-zg* 找到候选基因 *HvCER6*，通过突变体对 *cer-zh* 的研究克隆了编码 β-酮酰基辅酶 A 合成酶（KCS）的基因 *HvKCS1*（Li et al.，2013a；Li et al.，2018）。Schneider 等（2016）通过一系列大麦突变体发现一个 *Cer-cqu* 基因簇参与 β-二酮的合成，该研究对小麦族作物生殖生长阶段使植株表面呈现可见白霜状蜡质层的 β-二酮合成途径的机制解析具有很大的贡献，同时也为进一步揭示小麦中 β-二酮合成途径打下坚实的基础。

表 1-3 大麦蜡质相关基因的研究进展

物种	基因名称	染色体位置	功 能
大麦	*Eibi1*（*HvABCG31*）	3H	编码 ABC 转运子
大麦	*cer-zv*	4H	参与角质层合成

（续）

物种	基因名称	染色体位置	功　能
大麦	*cer-ym*	4H	参与角质层合成
大麦	*cer-b*	3HL	参与β-二酮的合成
大麦	*Cer-cqu*（*gsh1*）	2HS	β-酮酰的延伸、脱羰和羟基化
大麦	*HvCER6*（*cer-zg*）	4H	参与超长链脂肪酸前体的合成
大麦	*HvKCS1*（*cer-zh*）	4HL	β-酮酰辅酶A合成酶

2. 小麦表皮蜡质相关基因的研究进展

β-二酮主要是正十三烷-14，16-二酮，它的有无对于白霜状表型和相关的蜡形态形成至关重要（Wettstein-Knowles et al.，1980；Zhang et al.，2013）。有趣的是，由于β-二酮的存在，绝大多数现代小麦（*Triticum aestivum* L.）品种表现出白霜状蜡质外观，而在野生小麦中既有白霜状蜡质又有无蜡具光泽表型的小麦。不同于玉米和水稻等通过喷水或电镜观察的方法鉴定表皮蜡质，在小麦族中可通过肉眼直接观察法来鉴定植株的表面有无白霜状蜡质层覆盖。研究表明，在小麦族中有3种主要的不同且平行的表皮蜡质生物合成途径：脱羰途径、酰基还原途径和β-二酮途径。脱羰和酰基还原途径在营养生长（幼苗）阶段是活跃的，负责脂肪族化合物的合成；而β-二酮途径在生殖生长（成株）阶段占主导地位，产生β-二酮及其衍生物（Tulloch，1973；Wang et al.，2015a）。

通过对小麦蜡质突变体的研究发现，丰富的β-二酮含量是形成小麦白霜状蜡质表型的主要原因（Adamski et al.，2013）。早期的遗传研究表明，六倍体小麦的白霜状性状主要由4个基因位点控制，即蜡质合成基因*W1*和*W2*与蜡质合成抑制基因*Iw1*和*Iw2*。研究发现，*W1*和*Iw1*位于2BS染色体上且紧密连锁；而*W2*和*Iw2*位于2DS染色体上且遗传距离相距较远。小麦中*W1*和*W2*两个基因存在功能冗余，一个基因就可以保证β-二酮的积累，但是它们同时存在才能有羟基-β-二酮的合成。蜡质抑制基因*Iw1*和

Iw2 对蜡质合成基因 *W1* 和 *W2* 具有上位性作用，并且 *Iw1* 或 *Iw2* 存在任意一个或两者同时存在都会抑制 β-二酮的积累，导致光滑无蜡表型（Tsunewaki et al.，1999；Wu et al.，2013；Zhang et al.，2013）。其中 *W1* 和 *Iw1* 近期已经被克隆，分子机制也得以解析。

（1）*W1*　小麦 *W1* 基因与大麦的 *cer-cqu* 基因在染色体定位、调控 β-二酮的合成和羟基化上相似，考虑到小麦和大麦在进化上有较近的亲缘关系，*W1* 基因和 *cer-cqu* 基因很可能是直系同源基因。2016 年研究已表明小麦蜡质合成基因 *W1* 和大麦的 *cer-cqu* 位点的代谢基因簇共同调控 β-二酮的合成，产生有蜡表型，*W1* 基因座是由控制 β-二酮生物合成基因簇构成，包括 *Diketone Metabolism-Polyketide Synthase*（*DMP*）、*Diketone Metabolism-P450 CYP709J4*（*DMC*）和 *Diketone Metabolism-Hydrolase/Carboxylesterase*（*DMH*）（Zhang et al.，2013；Hen-Avivi et al.，2016；Schneider et al.，2016）。2023 年研究表明基因簇调控大麦中 β-二酮形成，其编码的酶通过各种各样的测定表明，其中一种酶是产生长链（主要是 C16）3-酮酸的硫酯酶；另一种酶是聚酮合成酶（PKS），它将 3-酮酸与长链（主要是 C16）酰基辅酶 A；缩合成 β-二酮。这两种酶分别定位于质体和内质网（ER），意味着底物在这两个亚细胞区室之间转移。该研究结果定义了一个涉及前所未有的 PKS 反应先导的两步途径直接生成 β-二酮的产物（Sun et al.，2023）。

（2）*Iw1*　Huang 等（2017）从硬粒小麦中克隆了 *Iw1* 基因，其本质是长链非编码 RNA，经序列分析发现序列中有一段反向重复序列，与 *W1* 生成的转录本 *W1-COE* 有 80%相似性。最终阐明 *Iw1* 独特的调控机制：在 *W1* 多基因位点区域中，本质是 lncRNA 的 *Iw1* 与 *W1* 生成的转录本 *W1-COE* 形成互补双链，干扰 mRNA 的剪切，导致 *W1* 不能表达，β-二酮合成通路阻断，产生无蜡表型。这个机制同时也印证了 *Iw* 位点对 *W* 位点确实有上位性抑制作用。

除了上述基因，小麦中还有其他基因被相继定位，包括穗部蜡质相关基因 *Ws* 和 *Iw3*，以及蜡质合成基因 *W3* 和 *W4*。在野生二粒小麦中发现控制小麦穗部蜡质合成基因 *Ws*，该基因被定位到小麦染色体 1BS 上（Peng et al.，2000）。小麦穗部蜡质抑制基因 *Iw3* 最初被定位于小麦 1BS 染色体上，最近的研究通过精细定位将其定位于 0.13 cM 的遗传区间（Dubcovsky et al.，1997；Wang et al.，2014）。

（3）*W3* 在小麦品种 Bobwhite 中鉴定了一种新的蜡质突变体。该突变与已知的蜡质合成基因 *W1* 和 *W2* 是非等位基因，因此称为 *W3*。遗传分析将 *W3* 定位于 2BS 染色体上。*w3* 突变减少了 99%的β-二酮，占野生型总蜡负荷的 63.3%。*W3* 是β-二酮合成所必需的，但对β-二酮羟基化具有不同的作用，因为在 *w3* 突变体中羟基-β-二酮与β-二酮的比例增加了 11 倍。*w3* 突变体缺失β-二酮导致不能形成白霜状蜡质且角质层渗透性显著增加（Zhang et al.，2015）。

（4）*W4* 大多数现代多倍体小麦品种表现出白霜状表型，而在野生二倍体小麦祖先粗山羊草 *Ae. tauschii* 中，既有白霜状品种也有无白霜状品种。该研究用 KU-2105/KU-2126 构建的 F_2 群体在粗山羊草的 3DL 上定位了一个新的控制蜡质合成的位点，命名其为 *W4*。*W4* 被定位在 *Xgwm645* 和 *Xbarc42* 两分子标记之间，遗传距离分别为 8.0 cM 和 8.9 cM（Nishijima et al.，2018）。已定位的小麦表皮蜡质基因的名称、功能、来源、染色体位置如表 1-4 所示。

表 1-4 小麦已定位的表皮蜡质基因

基因名称	功 能	来 源	染色体位置
W1	蜡质合成	人工合成六倍体	2BS
W2	蜡质合成	普通小麦	2DS

（续）

基因名称	功　能	来　源	染色体位置
W3	蜡质合成	普通小麦	2BS
W4	蜡质合成	粗山羊草	3DL
Ws	穗部蜡质合成	野生二粒小麦	1BS
Iw1	抑制蜡质合成	人工合成六倍体	2BS
Iw2	抑制蜡质合成	人工合成六倍体	2DS
Iw3	抑制穗部蜡质合成	野生二粒小麦	1BS

（5）同源克隆的基因　在六倍体小麦中，通过同源克隆的方法已经克隆了许多蜡质合成相关基因，主要分为两大类，分别是初级醇合成相关基因和烷烃合成相关基因。其中，*TaTAA1a*、*TaFAR1*、*TaFAR5*、*TaFAR2*、*TaFAR3*、*TaFAR4*、*TaFAR6*、*TaFAR7* 和 *TaFAR8* 都能够编码脂肪酰基辅酶 A 还原酶（FARs），参与初级醇合成。*TaTAA 1a* 是一种花药特异基因，编码与花粉育性有关的 FAR（Wang et al.，2002）；*TaFAR1* 和 *TaFAR5* 在番茄叶片中表达时可产生 C26∶0、C28∶0 和 C30∶0 脂肪醇（Wang et al.，2015b；Wang et al.，2015c）；*TaFAR2*、*TaFAR3* 和 *TaFAR4* 在酵母中分别催化 C18∶0、C28∶0 和 C24∶0 脂肪醇的生物合成（Wang et al.，2016）；*TaFAR6*、*TaFAR7* 和 *TaFAR8* 参与六倍体小麦中长链初级醇的生物合成，并响应多种环境胁迫（Chai et al.，2018）。*TaCer1* 参与蜡质生物合成的脱羰途径，并可以调节醛和烷烃的含量，研究表明 *TaCer1* 的表达受脱落酸、聚乙二醇、盐度、冷和水杨酸的抑制，黑暗处理也影响了 *TaCer1* 的表达（Hu et al.，2009）；*TaCER1－1A* 在小麦蜡烷烃的生物合成中起重要作用，并参与应对干旱和其他环境胁迫（Li et al.，2019a）。

（6）QTLs　通过 QTL 定位，在小麦多条染色体上如 1B、1D 和 2D 等均检测到蜡质相关的 QTL。Borner 等（2002）在染色体臂 1DL、2DL 和 4AL 上发现了三个蜡质 QTL；Mason 等（2010）检测到一个蜡质 QTL（*Qwax. tam -5A*），它与 5A 染色体短臂上的 SSR 标记 *Xwmc150* 紧密连锁；在双单倍体（DH）群体中检测到了主要控制旗叶蜡质的主效 QTL（*QW. aww -3A*），可以解释 52%表型变异（Bennett et al.，2012）；Mondal 等（2015）在小麦染色体 1B、3D 和 5A 分别发现与小麦叶片蜡质合成相关的 QTL，并且可能有助于降低热胁迫下的叶片温度；李春莲等使用从 RIL 群体开发的高密度 SNP 标记遗传图谱，在 3AL 和 2DS 染色体上鉴定了小麦旗叶蜡质相关的两个加性 QTL（Li et al.，2017）。此外，与拟南芥 *R2R3 -MYB* 的直系同源基因 *TaMYB31* 和 *TaMYB74*，与紫花苜蓿 *WAX PRODUCTION*（*WXP*）同源的 *TaWXPL1D* 和 *TaWXPL2B*，以及 *TaMYB16*、*TaMYB24*、*TaMYB77* 和 *TaMYB78* 在普通小麦表皮生物合成的调节中起着重要作用（Bi et al.，2016；Bi et al.，2017）。小麦表皮蜡质相关的同源克隆基因和 QTLs 如表 1-5 所示。

表 1-5　小麦表皮蜡质相关的同源克隆基因和 QTLs

分　类	基因和 QTLs 名称	来　源	功　能
酰基还原途径	*TAA1a/1b/1c*	普通小麦	花药绒毡细胞中特异表达
	TaFAR1，*TaFAR5*	六倍体小麦	参与初级醇积累
	TaFAR2，*TaFAR3*，*TaFAR4*	普通小麦	参与初级醇合成
	TaFAR6，*TaFAR7*，*TaFAR8*	六倍体小麦	参与初级醇合成
脱羰	*TaCer1*	普通小麦	醛羧酸酶基因
途径	*TaCER1 -1A*	六倍体小麦	参与烷烃合成
QTL	*1DL*，*2DL*，*4AL*	六倍体小麦	蜡质合成相关
	Qwax. tam -5A	普通小麦	蜡质合成相关
	QW. aww -3A	面包小麦	旗叶蜡质合成相关
	QWax. tam09 -1B，*QWax. tam09 -5A*	普通小麦	叶片蜡质含量相关
	QFlg. hwwgr -3AL，*QFlg. hwwgr -2DS*	六倍体小麦	旗叶蜡质合成相关

第三节 研究目标与研究内容

小麦（*Triticum aestivum* L.）是我国重要的粮食作物之一。表皮蜡质是覆盖在小麦各器官表面的一层白霜状物质，它的存在能够保护小麦免受外界环境中各种生物和非生物的胁迫。因此，深入研究表皮蜡质、定位和克隆相关基因对于丰富小麦种质资源、培育抗逆小麦品种具有十分重要的意义。本研究以济麦 22 经 EMS 诱变获得的整株蜡质缺失突变体 *w5* 和颖壳蜡质缺失突变体 *glossy1* 为研究材料，对两个突变体进行了表型分析，探索了这两个蜡质缺失突变体的生理和生化特性，通过构建分离群体并结合小麦参考基因组信息及重测序信息，明确了不同蜡质缺失性状各自的遗传规律，并分别对控制蜡质缺失性状的基因 *W5* 和 *GLOSSY1* 进行了精细定位，并对定位区间的候选基因进行了分析。具体研究内容如下：

（1）通过扫描电镜、透射电镜和气相-质谱联用技术等对两个蜡质突变体开展形态学、细胞学和生物化学的研究，阐明了表型变化的机制。

（2）通过基因芯片及定位亲本的重测序数据，开发一系列 Indel、STARP 和 SSR 分子标记，构建了遗传连锁图谱并精细定位了突变位点 *W5* 和 *GLOSSY1*，根据小麦中国春参考基因组分析了定位区间的候选基因。

主要参考文献

郭彦军，倪郁，郭芸江，等，2011. 水热胁迫对紫花苜蓿叶表皮蜡质组分及生理指标的影响．作物学报，37（5）911－917.

吉庆勋，刘德春，刘勇，2012. 植物表皮蜡质合成和运输途径研究进展．中国农学通报，28（3）：225－232.

Adamski N M, Bush M S, Simmonds J, et al., 2013. The inhibitor of wax 1 locus (Iw1) prevents formation of beta - and OH - beta - diketones in wheat cuticular waxes and maps to a sub - cM interval on chromosome arm 2BS. Plant J, 74 (6): 989 - 1002.

Aharoni A, Dixit S, Jetter R, et al., 2004. The SHINE clade of AP2 domain transcription factors activates wax biosynthesis, alters cuticle properties, and confers drought tolerance when overexpressed in *Arabidopsis*. Plant Cell, 16 (9): 2463 - 2480.

Avni R, Nave M, et al., 2017. Wild emmer genome architecture and diversity elucidate wheat evolution and domestication. Science, 357 (6346): 93 - 97.

Barthlott W, Neinhuis C, 1997. Purity of the sacred lotus, or escape from contamination in biological surfaces. Planta, 202 (1): 1 - 8.

Barthlott W, Neinhuis C, Cutler D, et al., 1998. Classification and terminology of plant epicuticular waxes. Bot J Linn Soc, 126 (3): 237 - 260.

Beaudoin F, Wu X, Li F, et al., 2009. Functional characterization of the *Arabidopsis* β - ketoacyl - coenzyme a reductase candidates of the Fatty Acid Elongase. Plant Physiol, 150 (3): 1174 - 1191.

Bennett D, Izanloo A, Edwards J, et al., 2012. Identification of novel quantitative trait loci for days to ear emergence and flag leaf glaucousness in a bread wheat (*Triticum aestivum* L.) population adapted to southern Australian conditions. Theor Appl Genet, 124 (4): 697 - 711.

Bernard A, Joubes J, 2013. *Arabidopsis* cuticular waxes, advances in synthesis, export and regulation. Prog Lipid Res, 52 (1): 110 - 129.

Bessire M, Chassot C, Jacquat A C, et al., 2007. A permeable cuticle in *Arabidopsis* leads to a strong resistance to *Botrytis cinerea*. EMBO J, 26 (8): 2158 - 2168.

Bi H, Luang S, Li Y, et al., 2017. Wheat drought - responsive WXPL transcription factors regulate cuticle biosynthesis genes. Plant Mol Biol, 94 (1 - 2): 15 - 32.

Bi H, Luang S, Li Y, et al., 2016. Identification and characterization of wheat drought - responsive MYB transcription factors involved in the regulation of cuticle biosynthesis. J Exp Bot, 67 (18): 5363 - 5380.

Bodnaryk R P. 1992. Leaf epicuticular wax, an antixenotic factor in Brassicaceae that affects the rate and pattern of feeding of flea beetles, *Phyllotreta cruciferae* (*Goeze*) . Can J of Plant Sci, 72 (4): 1295 - 1303.

Borner A, Schumann E, Furste A, et al., 2002. Mapping of quantitative trait loci determining agronomic important characters in hexaploid wheat (*Triticum aestivum* L.) . Theor Appl Genet, 105 (6 - 7): 921 - 936.

Brennan E B, Weinbaum S A. 2001. Effect of epicuticular wax on adhesion of psyllids to glaucous juvenile and glossy adult leaves of Eucalyptus globulus Labillardière. Austral Entomol, 40 (3): 270 - 277.

Broun P, Poindexter P, Osborne E, et al., 2004. WIN1, a transcriptional activator of epidermal wax accumulation in *Arabidopsis*. Proc Natl Acad Sci USA, 101 (13): 4706 - 4711.

Buschhaus C, Jetter R, 2011. Composition differences between epicuticular and intracuticular wax substructures, how do plants seal their epidermal surfaces? J Exp Bot, 62 (3): 841 - 853.

Busta L, Jetter R, 2018. Moving beyond the ubiquitous, the diversity and biosynthesis of specialty compounds in plant cuticular waxes. Phytochem Rev, 17 (6): 1275 - 1304.

Chai G, Li C, Xu F, et al., 2018. Three endoplasmic reticulum - associated fatty acyl - coenzyme a reductases were involved in the production of primary alcohols in hexaploid wheat (*Triticum aestivum* L.) . BMC Plant Biol, 18 (1):41.

Chantret N, 2005. Molecular basis of evolutionary events that shaped the hardness locus in diploid and polyploid wheat species (*Triticum* and *Aegilops*) . Plant Cell, 17 (4): 1033 - 1045.

Chao L, Cheng L, Xiaoying M, et al., 2015. Characterization and genetic mapping of eceriferum - ym (cer - ym), a cutin deficient barley mutant with impaired leaf water retention capacity. Breeding Sci, 65 (4): 327 - 332.

Chen G, Komatsuda T, Ma J F, et al., 2011. An ATP - binding cassette subfamily G full transporter is essential for the retention of leaf water in both wild barley and rice. Proc Natl Acad Sci USA, 108 (30): 12354 - 12359.

Chen G, Sagi M, Weining S, et al., 2004. Wild barley eibi1 mutation identifies a gene essential for leaf water conservation. Planta, 219: 684 - 693.

Chen G X, Komatsuda T, Pourkheirandish M, et al., 2009. Mapping of the eibi1 gene responsible for the drought hypersensitive cuticle in wild barley (*Hordeum spontaneum*). Breeding Sci, 59 (1): 21 - 26.

Chen Y, Song W, Xie X, et al., 2020. A collinearity - incorporating homology inference strategy for connecting emerging assemblies in triticeae tribe as a pilot practice in the plant pangenomic era. Mol Plant, 13 (12): 1694 - 1708.

Debono A, Yeats T H, Rose J K C, et al., 2009. *Arabidopsis* LTPG is a glycosylphosphatidylinositol - anchored lipid transfer protein required for export of lipids to the plant surface. Plant Cell, 21 (4): 1230 - 1238.

Dehesh K, Tai H, Edwards P, et al., 2001. Overexpression of 3 - ketoacyl - acyl - carrier protein synthase IIIs in plants reduces the rate of lipid synthesis. Plant Physiol, 125 (2): 1103 - 1114.

Devi K D, Punyarani K, Singh N S, et al., 2013. An efficient protocol for total DNA extraction from the members of order Zingiberales - suitable for diverse PCR based downstream applications. SpringerPlus, 2 (1): 669.

Dubcovsky J SMG, Epstein E, Luo M C, et al., 1996. Mapping of the K^+/Na^+ discrimination locus kna1in wheat. Theor Appl Genet, 92 (3): 448 - 454.

Dubcovsky J, Echaide M, Giancola S, et al., 1997. Seed - storage - protein loci in RFLP maps of diploid, tetraploid, and hexaploid wheat. Theor Appl Genet, 95 (7): 1169 - 1180.

Eigenbrode, Espelie, 1995. Effects of plant epicuticular lipids on insect herbivores. Annu Rev Entomol, 40 (1): 171 - 194.

Fay J C, McCullough H L, Sniegowski P D, et al., 2004. Population genetic variation in gene expression is associated with phenotypic variation in Saccharomyces cerevisiae. Genome Biol, 5 (4): R26.

Fahima T C J, Peng J H, Nevo E, et al., 2006. Asymmetry distribution of disease resistance genes and domestication synrome QTLs in tetraploid wheat genome. Proceedings of the 8th International Congress of Plant Molecular

Biology, Adelaide, Australia. Conference Proceedings.

Feldman M, Levy A A, Fahima T, et al., 2012. Genomic asymmetry in allopolyploid plants, wheat as a model. J Exp Bot, 63 (14): 5045 - 5059.

Gaume L, Perret P, Gorb E, et al., 2004. How do plant waxes cause flies to slide? Experimental tests of wax - based trapping mechanisms in three pitfall carnivorous plants. Arthropod Struct Dev, 33 (1): 103 - 111.

Gniwotta F, 2005. What do microbes encounter at the plant surface? chemical composition of pea leaf cuticular waxes. Plant Physiol, 139 (1): 519 - 530.

Go Y S, Kim H, Kim H J, et al., 2014. *Arabidopsis* cuticular wax biosynthesis is negatively regulated by the DEWAX gene encoding an AP2/ERF - type transcription factor. Plant Cell, 26 (4): 1666 - 1680.

Gordon D C, Percy K E, Riding R T, 2008. Effects of u. v. - B radiation on epicuticular wax production and chemical composition of four Picea species. New Phytol, 138 (3): 441 - 449.

Greer S, Wen M, Bird D, et al., 2007. The cytochrome P450 enzyme CYP96A15 is the midchain alkane hydroxylase responsible for formation of secondary alcohols and ketones in stem cuticular wax of *Arabidopsis*. Plant Physiol, 145 (3): 653 - 667.

Guo W, Xin M, Wang Z, et al., 2020. Origin and adaptation to high altitude of Tibetan semi - wild wheat. Nat Commun, 11 (1): 5085.

Hülskamp M, Kopczak S D, Horejsi T F, et al., 2010. Identification of genes required for pollen - stigma recognition in *Arabidopsis thaliana*. Plant J, 8 (5): 703 - 714.

Hegde Y, 1997. Cuticular waxes relieve self inhibition of germination and appressorium formation by the conidia of Magnaporthe grisea. Phys Mol Plant Pathol, 51 (2): 75 - 84.

Hen - Avivi S, Savin O, Racovita R C, et al., 2016. A metabolic gene cluster in the wheat W1 and the barley cer - cqu loci determines beta - diketone biosynthesis and glaucousness. Plant Cell, 28 (6): 1440 - 1460.

Holmes M G, Keiller D R, 2002. Effects of pubescence and waxes on the reflectance of leaves in the ultraviolet and photosynthetic wavebands, a comparison of a range of species. Plant Cell Environ，25 (1)：85 - 93.

Hooker T S，Patricia L，Huanquan Z，et al.，2007. A core subunit of the RNA - processing/degrading exosome specifically influences cuticular wax biosynthesis in *Arabidopsis*. Plant Cell，19 (3)：904 - 913.

Hu X，Zhang Z，Li W，et al.，2009. cDNA cloning and expression analysis of a putative decarbonylase TaCer1 from wheat (*Triticum aestivum* L.) . Acta Physiol Plant，31 (6)：1111 - 1118.

Huang D，Feurtado J A，Smith M A，et al.，2017. Long noncoding miRNA gene represses wheat beta - diketone waxes. Proc Natl Acad Sci USA，114 (15)：E3149 - E3158.

International Wheat Genome Sequencing C，investigators IRp，Appels R，et al.，2018. Shifting the limits in wheat research and breeding using a fully annotated reference genome. Science，361 (6403)：eaar7191.

Javelle M，Vernoud V，Depege - Fargeix N，et al.，2010. Overexpression of the epidermis - specific homeodomain - leucine zipper Ⅳ transcription factor OUTER CELL LAYER1 in maize identifies target genes involved in lipid metabolism and cuticle biosynthesis. Plant Physiol，154：273 - 286.

Javelle M，Vernoud V，Rogowsky P M，et al.，2011. Epidermis，the formation and functions of a fundamental plant tissue. New Phytol，189 (1)：17 - 39.

Jenks M A，Rashotte A M，Feldmann K A，1996. Mutants in *Arabidopsis thaliana* altered in epicuticular wax and leaf morphology. Plant Physiol，110 (6)：377 - 385.

Jenks M A，2002. Seasonal variation in cuticular waxes on Hosta genotypes differing in leaf surface glaucousness. HortScience，37 (4)：673 - 677.

Jetter R，Kunst L，Samuels A L，2006. Composition of plant cuticular waxes. John Wiley & Sons，Ltd. volume 23：145 - 181.

Jetter R，Kunst L，2008. Plant surface lipid biosynthetic pathways and their utility for metabolic engineering of waxes and hydrocarbon biofuels. Plant J，54 (7)：670 - 683.

Jetter R，Riederer M，2016. Localization of the transpiration barrier in the epi - and intracuticular waxes of eight plant species，water transport resistances are associated with Fatty Acyl rather than alicyclic components. Plant Physiol, 170 (2): 921-934.

Joppa L R, Cantrell R G, 1990. Chromosomal location of genes for grain protein content of wild tetraploid wheat. Crop Science, 30 (5) .

Kannangara R, Branigan C, Liu Y, et al., 2007. The transcription factor WIN1/SHN1 regulates Cutin biosynthesis in *Arabidopsis thaliana*. Plant Cell, 19 (4): 1278-1294.

Kerstiens G, 1996. Cuticular water permeability and its physiological significance. J Exp Bot, 47 (12): 1813-1832.

Kim H, Lee S B, Kim H J, et al., 2012. Characterization of glycosylphosphatidylinositol-anchored lipid transfer protein 2 (LTPG2) and overlapping function between LTPG/LTPG1 and LTPG2 in cuticular wax export or accumulation in *Arabidopsis thaliana*. Plant Cell Physiol, 53 (8): 1391-1403.

Kim H, Yu S, Jung S H, et al., 2019. The F-box protein SAGL1 and ECERIFERUM3 regulate cuticular wax biosynthesis in response to changes in humidity in *Arabidopsis*. Plant Cell, 31 (9): 2223-2240.

Koch K, Ensikat H J, 2008. The hydrophobic coatings of plant surfaces, epicuticular wax crystals and their morphologies, crystallinity and molecular self-assembly. Micron, 39 (7): 759-772.

Kolattukudy P E, Li D, Hwang C S, et al., 1995. Host signals in fungal gene expression involved in penetration into the host. Can J Bot, 73 (s1): 1160-1168.

Kosma D K, Bourdenx B, Bernard A, et al., 2009. The impact of water deficiency on leaf cuticle lipids of *Arabidopsis*. Plant Physiol, 151 (4): 1918-1929.

Kosma D K, Nemacheck J A, Jenks M A, et al., 2010. Changes in properties of wheat leaf cuticle during interactions with Hessian fly. Plant J, 63 (1): 31-43.

Kunst L, Samuels A L, 2003. Biosynthesis and secretion of plant cuticular wax. Prog Lipid Res, 42 (1): 51-80.

Kunst L, Samuels L, 2009. Plant cuticles shine, advances in wax biosynthesis and export. Curr Opin Plant Biol, 12 (6): 721-727.

Law C N, Young C F, Brown J W S, et al., 1978. The study of grain protein control in wheat using whole chromosome substitution lines, 14: 483-502.

Lee S B, Go Y S, Bae H J, et al., 2009. Disruption of glycosylphosphatidylinositol-anchored lipid transfer protein gene altered cuticular lipid composition, increased plastoglobules, and enhanced susceptibility to infection by the fungal pathogen alternaria brassicicola. Plant Physiol, 150 (1): 42-54.

Lee S B, Suh M C, 2014. Cuticular wax biosynthesis is up-regulated by the MYB94 transcription factor in *Arabidopsis*. Plant Cell Physiol, 56 (1): 48-60.

Lee S B, Suh M C, 2015. Advances in the understanding of cuticular waxes in *Arabidopsis thaliana* and crop species. Plant Cell Rep, 34 (4): 557-572.

Leibundgut M, Jenni S, Frick C, et al., 2007. Structural basis for substrate delivery by acyl carrier protein in the yeast fatty acid synthase. Science, 316 (5822): 288.

Li-Beisson Y, Shorrosh B, Beisson F, et al., 2013. Acyl-lipid metabolism. The *Arabidopsis* Book, 8 (2010): e0133.

Li C, Li T, Liu T, et al., 2017. Identification of a major QTL for flag leaf glaucousness using a high-density SNP marker genetic map in hexaploid wheat. J Integr Agr, 16 (2): 445-453.

Li C, Haslam T M, Kruger A, et al., 2018. The beta-ketoacyl-CoA synthase HvKCS1, encoded by Cer-zh, plays a key role in synthesis of barley leaf wax and germination of barley powdery mildew. Plant Cell Physiol, 59 (4): 806-822.

Li C, Ma X, Wang A, et al., 2013a. Genetic mapping of cuticle-associated genes in barley. Cereal Res Commun, 41 (1): 23-34.

Li C, Wang A, Ma X, et al., 2013b. An eceriferum locus, cer-zv, is associated with a defect in cutin responsible for water retention in barley (*Hordeum vulgare*) leaves. Theor Appl Genet, 126 (3): 637-646.

Li T, Sun Y, Liu T, et al., 2019. TaCER1-1A is involved in cuticular wax alkane biosynthesis in hexaploid wheat and responds to plant abiotic stresses. Plant Cell Environ, 42 (12): 3077-3091.

Ling H, Zhao S, Liu D, et al., 2013. Draft genome of the wheat A-genome progenitor *Triticum urartu*. Nature, 496 (7443): 87-90.

Liu J, Li L, Xiong Z, et al., 2024. Trade - offs between the accumulation of cuticular wax and jasmonic acid - mediated herbivory resistance in maize. J. Integr. Plant Biol, 66 (1): 143 - 159.

Long L M, Patel H P, Cory W C, et al., 2003. The maize epicuticular wax layer provides UV protection. Funct Plant Biol , 30 (1): 75.

Long Y M, Chao W S, Ma G J, et al., 2017. An innovative SNP genotyping method adapting to multiple platforms and throughputs. Theor Appl Genet, 130 (3): 597 - 607.

Lundqvist U, Lundqvist A, 2008. Mutagen specificity in barley for 1580 eceriferum mutants localized to 79 loci. Hereditas, 108 (1): 1 - 12.

Luo M, Gu Y Q, You F M, et al., 2013. A 4 - gigabase physical map unlocks the structure and evolution of the complex genome of Aegilops tauschii, the wheat D - genome progenitor. Proc Natl Acad Sci U S A, 110 (19): 7940 - 7945.

Lu S, Zhao H, Des Marais D L, et al., 2012. *Arabidopsis* ECERIFERUM9 involvement in cuticle formation and maintenance of plant water status. Plant Physiol , 159 (3): 930 - 944.

Mason R E, Mondal S, Beecher F W, et al., 2010. QTL associated with heat susceptibility index in wheat (*Triticum aestivum* L.) under short - term reproductive stage heat stress. Euphytica, 174 (3): 423 - 436.

Mcfarlane H E, Shin J J H, Bird D A, et al., 2010. *Arabidopsis* ABCG transporters, which are required for export of diverse cuticular lipids, dimerize in different combinations. Plant Cell, 22 (9): 3066 - 3075.

Müller C, 2006. Plant - Insect Interactions on Cuticular Surfaces. Annual Plant Reviews Volume 23, Biology of the Plant Cuticle. Blackwell Publishing Ltd.

Marioni J C, Mason C E, Mane S M, et al., 2008. RNA - seq, an assessment of technical reproducibility and comparison with gene expression arrays. Genome Res, 18 (9): 1509 - 1517.

Mikkelsen J D, 1979. Structure and biosynthesis of β - diketones in barley spike epicuticular wax. Carlsberg Res. Commun, 44 (3): 133 - 147.

Mondal S Mason R E, Huggins T, et al., 2015. QTL on wheat (*Triticum aestivum* L.) chromosomes 1B, 3D and 5A are associated with constitutive production of leaf cuticular wax and may contribute to lower leaf temperatures under heat stress. Euphytica, 201 (1): 123 - 130.

Morris C F, DeMacon V L, Giroux M J, 1999. Wheat grain hardness among chromosome 5D homozygous recombinant substitution lines using different methods of Measurement. Cereal Chem, 76 (2): 249 - 254.

Murphy D J, 2005. Plant lipids, biology, utilisation and manipulation. J Plant Physiol, 162 (9): 1074 - 1075.

Nalam V J, Vales M I, Watson C J W, et al., 2006. Map - based analysis of genes affecting the brittle rachis character in tetraploid wheat (*Triticum turgidum* L.). Theor Appl Genet, 112 (2): 373 - 381.

Nawrath C, Schreiber L, Franke R B, et al., 2013. Apoplastic diffusion barriers in *Arabidopsis*. *Arabidopsis* Book, 11: e0167.

Nishijima R, Tanaka C, Yoshida K, et al., 2018. Genetic mapping of a novel recessive allele for non - glaucousness in wild diploid wheat Aegilops tauschii, implications for the evolution of common wheat. Genetica, 146 (2): 249 - 254.

OI M, 1992. The use of cytogenetic methods in ontogenesis study of common wheat. In, Ontogenetics of higher plants (Basel) Kishinev, 'Shtiintsa' (In Russian): 98 - 114.

Oshima Y, Shikata M, Koyama T, et al., 2013. MIXTA - like transcription factors and WAX INDUCER1/SHINE1 coordinately regulate cuticle development in *Arabidopsis* and *Torenia fournieri*. Plant Cell, 25 (5): 1609 - 1624.

Owen R, Huanquan Z, Hepworth S R, et al., 2006. CER4 encodes an alcohol - forming fatty acyl - coenzyme A reductase involved in cuticular wax production in *Arabidopsis*. Plant Physiol, 142 (3): 866 - 877.

Paull J G, Rathjen A J, Cartwright B, 1991. Major gene control of tolerance of bread wheat (*Triticum aestivum* L.) to high concentrations of soil boron. Euphytica, 55 (3): 217 - 228.

Penner G A, Bezte L J, Leisle D, et al., 1995. Identification of RAPD markers linked to a gene governing cadmium uptake in durum wheat. Genome, 38 (3): 543 - 547.

Peng J, Ronin Y, Fahima T, et al., 2003. Domestication quantitative trait loci in *Triticum dicoccoides*, the progenitor of wheat. Proc Natl Acad Sci USA, 100 (5): 2489 - 2494.

Preuss D, Lemieux B, Yen G, et al., 1993. A conditional sterile mutation eliminates surface components from *Arabidopsis* pollen and disrupts cell signaling during fertilization. Genes Dev, 7 (6): 974 - 985.

Raffaele S, Vailleau F, Léger A, et al., 2008. A MYB transcription factor regulates very - long - chain fatty acid biosynthesis for activation of the hypersensitive cell death response in *Arabidopsis*. Plant Cell, 20 (3): 752 - 767.

Ramaroson - Raonizafinimanana B, Gaydou E M, Bombarda I, 2000. Long - chain aliphatic β - diketones from epicuticular wax of vanilla bean species. Synthesis of nervonoylacetone. J. Agr. Food Chem, 48 (10): 4739 - 4743.

Reinapinto J J, Yephremov A, 2009. Surface lipids and plant defenses. Plant Physiol Biochem, 47 (6): 540 - 549.

Richards R, Rawson H, 1986. Glaucousness in wheat, its development and effect on water - use efficiency, gas exchange and photosynthetic tissue temperatures. Funct. Plant Biol, 13 (4): 465 - 473.

Riede C R, 1996. Linkage of RFLP markers to an aluminum tolerance Gene in wheat. Crop Science, 36 (4): 905 - 909.

Rozenn M, GaeTan V, Mareva O, et al., 2014. Histone H_2B monoubiquitination is involved in the regulation of cutin and wax composition in *Arabidopsis thaliana*. Plant Cell Physiol, 55 (2): 455 - 466.

Samuels L, Kunst L, Jetter R, 2008a. Sealing plant surfaces, cuticular wax formation by epidermal cells. Annu Rev Plant Biol, 59: 683 - 707.

Samuels L, Debono A, Lam P, et al., 2008b. Use of *Arabidopsis* eceriferum mutants to explore plant cuticle biosynthesis. Jove - J Vis Exp (16): e709.

Schneider L M, Adamski N M, Christensen C E, et al., 2016. The Cer - cqu gene cluster determines three key players in a beta - diketone synthase polyketide pathway synthesizing aliphatics in epicuticular waxes. J Exp Bot, 67 (9): 2715 - 2730.

Sears, 1954. The aneuploids of common wheat. Missouri Agri Exp St Res Bull,

572：1－58.

Seo P J，Lee S B，Suh M C，et al.，2011. The MYB96 transcription factor regulates cuticular wax biosynthesis under drought conditions in *Arabidopsis*. Plant Cell，23（7）：1138－1152.

Shepherd T，Wynne Griffiths D，2006. The effects of stress on plant cuticular waxes. New Phytol，171（3）：469－499.

Silva R G，Blanchard J S，Santos D S，et al.，2006. Mycobacterium tuberculosis β－ketoacyl－acyl carrier protein（ACP）reductase，kinetic and chemical mechanisms. Biochemistry，45（43）：13064－13073.

Sinha N，Lynch M，1998. Fused organs in the adherent1 mutation in maize show altered epidermal walls with no perturbations in tissue identities. Planta，206（2）：184－195.

Snape J W，Angus W J，et al.，1987. The chromosomal locations in wheat of genes conferring differential response to the wild oat herbicide，difenzoquat. J Agr Sci，108（3）：543－548.

Somers D J，Isaac P，Edwards K，2004. A high－density microsatellite consensus map for bread wheat（*Triticum aestivum* L.）. Theor Appl Genet，109（6）：1105－1114.

Sun Y，Ruiz O A，Zhang Z，et al.，2023. Biosynthesis of barley wax β－diketones，a type－Ⅲ polyketide synthase condensing two fatty acyl units. Nat Commun，14（1）：7284.

Tal I，Kosma D K，Matas A J，et al.，2009. Cutin deficiency in the tomato fruit cuticle consistently affects resistance to microbial infection and biomechanical properties，but not transpirational water loss. Plant J，60（2）：363－377.

Tevini M，Steinmüller D，1987. Influence of light，UV－B radiation，and herbicides on wax biosynthesis of cucumber seedling. J Plant Physiol，131（1－2）：111－121.

Thomas M，Sandve S R，Lise H，et al.，2014. Ancient hybridizations among the ancestral genomes of bread wheat. Science，345（6194）：1250092.

Tsunewaki K，Ebana K，1999. Production of near－isogenic lines of common wheat for glaucousness and genetic basis of this trait clarified by their use. Genes Genet Syst, 74 (2): 33 - 41.

Tulloch A P, 1973. Composition of leaf surface waxes of Triticum species, variation with age and tissue. Phytochemistry, 12 (9): 2225 - 2232.

Vogg G, Fischer S, Leide J, et al., 2004. Tomato fruit cuticular waxes and their effects on transpiration barrier properties, functional characterization of a mutant deficient in a very - long - chain fatty acid β - ketoacyl - CoA synthase. J Exp Bot, 55 (401): 1401 - 1410.

Walkowiak S, Gao L, Monat C, et al., 2020. Multiple wheat genomes reveal global variation in modern breeding. Nature, 588 (7837): 1 - 7.

Wang A, Xia Q, Xie W, et al., 2002. Male gametophyte development in bread wheat (*Triticum aestivum* L.), molecular, cellular, and biochemical analyses of a sporophytic contribution to pollen wall ontogeny. Plant J, 30 (6): 613 - 623.

Wang J, Li W, Wang W, 2014. Fine mapping and metabolic and physiological characterization of the glume glaucousness inhibitor locus *Iw3* derived from wild wheat. Theor Appl Genet, 127 (4): 831 - 841.

Wang M, Wang Y, Wu H, et al., 2016. Three *TaFAR* genes function in the biosynthesis of primary alcohols and the response to abiotic stresses in *Triticum aestivum*. Sci Rep, 6 (1): 25008.

Wang T, Xing J, Liu X, et al., 2018. GCN5 contributes to stem cuticular wax biosynthesis by histone acetylation of CER3 in *Arabidopsis*. J Exp Bot, 69 (12): 2911 - 2922.

Wang Y, Wan L, Zhang L, et al., 2012. An ethylene response factor OsWR1 responsive to drought stress transcriptionally activates wax synthesis related genes and increases wax production in rice. Plant Mol Biol, 78 (3): 275 - 288.

Wang Y, Wang J, Chai G, et al., 2015a. Developmental changes in composition and morphology of cuticular waxes on leaves and spikes of glossy and glaucous wheat (*Triticum aestivum* L.). PLoS One, 10 (11): e0141239.

Wang Y, Wang M, Sun Y, et al., 2015b. Molecular characterization of

TaFAR1 involved in primary alcohol biosynthesis of cuticular wax in hexaploid wheat. Plant Cell Physiol, 56 (10): 1944 - 1961.

Wang Y, Wang M, Sun Y, et al., 2015c. FAR5, a fatty acyl - coenzyme A reductase, is involved in primary alcohol biosynthesis of the leaf blade cuticular wax in wheat (*Triticum aestivum* L.). J Exp Bot, 66 (5): 1165 - 1178.

Wang Z, Xiong L, Li W, et al., 2011. The plant cuticle is required for osmotic stress pegulation of abscisic acid biosynthesis and osmotic stress tolerance in *Arabidopsis*. Plant Cell, 23 (5): 1971 - 1984.

Wang Z H, Miao L F, Chen Y M, et al., 2023. Deciphering the evolution and complexity of wheat germplasm from a genomic perspective. Journal of Genetics and Genomics, 50 (11): 846 - 860.

Wendel J F, Jackson S A, Meyers B C, et al., 2016. Evolution of plant genome architecture. Genome Biol, 17 (1): 37.

Wendel J F, Lisch D, Hu G, et al., 2018. The long and short of doubling down, polyploidy, epigenetics, and the temporal dynamics of genome fractionation. Curr Opin in Genet Dev, 49: 1 - 7.

Weng H, Molina I, Shockey J, et al., 2010. Organ fusion and defective cuticle function in a lacs1 lacs2 double mutant of *Arabidopsis*. Planta, 231 (5): 1089 - 1100.

Wettstein - Knowles P V, Søgaard B, 1980. The cer - cqu region in barley, Gene cluster or multifunctional gene. Carlsberg Res Commun, 45 (2): 125 - 141.

Wu H, Qin J, Han J, et al., 2013. Comparative high - resolution mapping of the wax inhibitors *Iw1* and *Iw2* in hexaploid wheat. PLoS One, 8 (12): e84691.

Wu R, Li S, He S, et al., 2011. CFL1, a WW domain protein, regulates cuticle development by modulating the function of HDG1, a class Ⅳ homeodomain transcription factor, in rice and *Arabidopsis*. Plant Cell, 23 (9): 3392 - 3411.

Xiao F, Mark Goodwin S, Xiao Y, et al., 2004. *Arabidopsis* CYP86A2 represses pseudomonas syringae type Ⅲ genes and is required for cuticle development. Embo J , 23 (14): 2903 - 2913.

Yang Z, Zhang T, Lang T, et al., 2013. Transcriptome comparative profiling of barley eibi1 mutant reveals pleiotropic effects of *HvABCG31* gene on cuticle biogenesis and stress responsive pathways. Int J Mol Sci , 14 (10): 20478 - 20491.

Yasuno R, Wettsteinknowles P V, Wada H, 2004. Identification and molecular characterization of the β - Ketoacyl - [Acyl carrier protein] synthase component of the *Arabidopsis* mitochondrial fatty acid synthase. Journal of Biological Chemistry, 279 (9): 8242.

Yeats T H, Rose J K C, 2013. The formation and function of plant cuticles. Plant Physiol, 163 (1): 5 - 20.

Zhang Z, Wang W, Li W, 2013. Genetic interactions underlying the biosynthesis and inhibition of beta - diketones in wheat and their impact on glaucousness and cuticle permeability. PLoS One , 8 (1): e54129.

Zhang Z, Wei W, Zhu H, et al., 2015. *W3* is a new wax locus that is essential for biosynthesis of beta - Diketone, development of glaucousness, and reduction of cuticle permeability in common wheat. PLoS One , 10 (10): e0140524.

Zhou Q, Li C, Mishina K, et al., 2017. Characterization and genetic mapping of the beta - diketone deficient eceriferum - b barley mutant. Theor Appl Genet, 130 (6): 1169 - 1178.

Zohary D, Hopf M, Weiss E, 2012. Domestication of plants in the old world: The origin and spread of domesticated plants in south - west asia, europe, and the mediterranean basin. Fourth edition. New York: Oxford university press: 420 - 421.

第二章 普通小麦整株蜡质缺失突变体的表型分析

植物角质层就是沉积在陆生植物表皮细胞壁外侧的一层保护性屏障，它是由角质聚酯基质以及表皮内和表皮蜡质组成的复合结构（Samuels et al.，2008；Nawrath et al.，2013；Yeats et al.，2013）。表皮蜡质一般肉眼可见，主要以白霜状覆盖在植物各个组织器官的表面（吉庆勋等，2012）。

表皮蜡质通过自我组装可以形成具有一定形态特征的蜡质晶体结构，包括片状、杆状、圆柱状、伞状、带状、管状、面包屑状、棒状和丝状等结构（Barthlott et al.，1998）。通过扫描电子显微镜可以清晰观察表皮蜡质的微观结构。植物表皮蜡质的组分十分复杂，在植物生长发育过程中，植物表皮蜡质成分和含量会随着植物种类、组织器官和生长环境的变化而有所不同。

本研究以EMS诱变获得的整株蜡质缺失突变体 *w5* 为材料，通过扫描电镜、透射电镜和气相-质谱联用技术等对整株蜡质缺失突变体 *w5* 开展形态学、细胞学和生物化学的研究，阐明了整株蜡质缺失突变体表型变化的机制，为后续的分子设计育种提供了理论指导。

第一节 普通小麦整株蜡质缺失突变体的性状分析

一、实验方法

1. 表型考察

小麦的白霜状蜡质表型一般在拔节后期—孕穗期（GS45）开

始显现，此时小麦由营养生长开始转为生殖生长，随着生育期的推移，蜡质层逐渐加厚，直到灌浆初期白霜状蜡质层最为明显，随后又逐渐褪去。因此，进行田间蜡质性状有无的调查一般选在5月中旬之前。在调查亲本材料和后代单株（F_1及F_2单株）蜡质性状时，可用肉眼直接观察植株表面（包括叶片、茎秆、叶鞘及穗部）有无白霜状蜡质层覆盖判断表型。因肉眼考察单株表型可能出现人为误差，因此每个F_2单株的表型通过其$F_{2:3}$家系的综合表型进行推断得出。为了评估蜡质在植物表面上的沉积变化是否对其他农艺性状有影响，突变体 *w5* 和野生型济麦 22 共设 3 个生物学重复，每个重复选取生长一致的10 株测量株高、主穗穗长、主穗小穗数、主茎旗叶宽度和主茎旗叶长度，并考察每个重复的抽穗期，成熟后收获，考察种子千粒重。本实验利用杭州万深公司 SC－G 型批量考种分析仪测定千粒重及其他籽粒表型数据。

2. 数据分析

表型数据分析主要用软件 Excel 2016 完成，突变体和野生型之间农艺性状表型数据平均值比较使用独立样本 *t* 检验来计算两种不同基因型之间差异的显著性。

二、性状比较

小麦蜡质表型的考察可直接用肉眼观察，野生型济麦 22 和突变体 *w5* 植株的表皮蜡质从拔节后期开始出现，抽穗期蜡质沉积比较明显。彩图 2－1 为抽穗期济麦 22 和突变体 *w5* 的表型。如彩图 2－1a 所示，济麦 22 植株（包括叶片、叶鞘、茎秆和穗子）的表面覆盖着一层明显的白霜状蜡质层，而突变体 *w5* 表面则未观察到白霜状蜡质层。彩图 2－1b 为叶片、叶鞘和穗子的放大图。此外，济麦 22 和 *w5* 之间的农艺性状比较结果如表 2－1 所示，二者的株高、穗长、小穗数、旗叶宽度、旗叶长度、千粒重和抽穗期性状没有显著差异。

表 2-1 济麦 22 和突变体 *w5* 的农艺性状比较

材料	株高（cm）	穗长（cm）	小穗数（个）	旗叶宽度（cm）	旗叶长度（cm）	千粒重（g）	抽穗期
济麦 22	76.27±3.22	10.07±0.59	21.13±0.83	1.99±0.17	17.38±2.62	47.42±0.81	4 月 30 日
w5	77.93±5.81	10.17±0.75	21.27±1.10	2.01±0.11	17.56±3.05	46.52±2.81	4 月 30 日
P 值（*F*）	0.034 4	0.397 5	0.311 9	0.154 1	0.575 9	0.152 8	
P 值（*T*）	0.341 9	0.688 1	0.711 1	0.801 5	0.863 4	0.212 0	

注：数据为平均值±标准差。

第二节 普通小麦整株蜡质缺失突变体的微观形态分析

一、实验材料与方法

1. 扫描电镜观察

扫描电镜样品制备选取抽穗期的突变体 *w5* 和野生型济麦 22 的旗叶叶鞘，此时叶鞘表面蜡质层覆盖最为明显。将新鲜的 *w5* 和济麦 22 旗叶叶鞘用回形针固定在硬白纸上，置于 37 ℃烘箱中完全干燥。干燥后的样品切成 2.5 mm×2.5 mm 的正方形小块，黏附到导电胶上，将其置于镀膜机（Hitachi，E-1045）上喷金镀膜，最后置于 Hitachi SU-8010 SEM 在 10 kV 的加速电压和 8.4 mm 的工作距离下观察蜡质晶体的形态结构（Zhang et al., 2013）。

2. 透射电镜观察

透射电镜样品制备选取开花前期的 *w5* 和济麦 22 的旗叶叶鞘，将其切成 1 cm 长的片段，透射电镜观察步骤如下：

编号	内容	具体操作
1	固定	在 0.1 mol/L 磷酸盐缓冲液（pH 7.2）中漂洗两次持续 10 min→在 1.0%（*w/V*）锇酸中固定过夜→在磷酸盐缓冲液中重新漂洗三次
2	脱水	30%～100%乙醇 4 ℃条件下系列脱水

（续）

编号	内容	具体操作
3	包埋	丙酮/包埋液（1∶1）中室温过夜包埋
4	固化	45 ℃下 12 h 和 65 ℃下 24 h 固化
5	切片	LKB V 型超薄切片机（LKB－Produkter，Bromma，Sweden）切片 40～70 nm
6	染色	3%乙酸铀酰-柠檬酸铅染色
7	观察拍片	JEM－1230 透射电镜（Jeol Ltd. Tokyo，Japan）观察并拍片
8	统计计算	使用 Nano measurer 1.2 软件估算角质层厚度，并计算突变体和野生型之间有无显著性差异

二、微观形态比较

前人研究表明，植株表面覆盖的白霜状蜡质表型是由于蜡质晶体的沉积所致（Koch et al.，2006），因此本研究使用扫描电子显微镜（SEM）观察了济麦 22 和 *w5* 的旗叶叶鞘组织表面的蜡质晶体组成。结果如图 2－1 所示，济麦 22 和 *w5* 的表皮蜡质晶体的相对数量和形状存在显著差异。其中，济麦 22 的旗叶叶鞘被厚厚的管状晶体覆盖，这种晶体通常是富含 β-二酮的蜡质晶体（图 2－1a～c）。相反，突变体 *w5* 的旗叶叶鞘表面积聚不规则且粘连在一起的蜡质晶体，且晶体数量也明显减少（图 2－1d～f）。以上结果表明 *w5* 的无蜡性状与表面蜡质晶体减少有关。

另外，为了探究表皮蜡质缺失表型是否与角质层结构变化有关，本研究利用透射电子显微镜（TEM）对济麦 22 和 *w5* 叶鞘表皮细胞超微结构进行了分析。结果如图 2－2 所示，济麦 22（图 2－2a）和 *w5*（图 2－2b）之间的表皮形态和角质层厚度无明显差异，说明蜡质缺失突变表型形成与表皮结构没有关系。

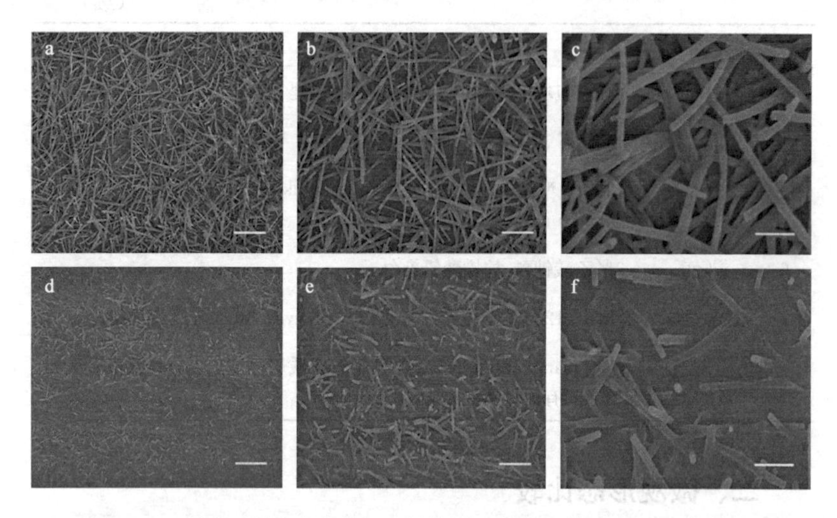

图 2-1　济麦 22 和突变体 *w5* 的旗叶叶鞘表皮蜡质扫描电镜结果

注：a～c 为济麦 22 的旗叶叶鞘扫描电镜结果；d～f 为 *w5* 的旗叶叶鞘扫描电镜结果；比例尺 a、d 为 50 μm，b、e 为 25 μm，c、f 为 10 μm。

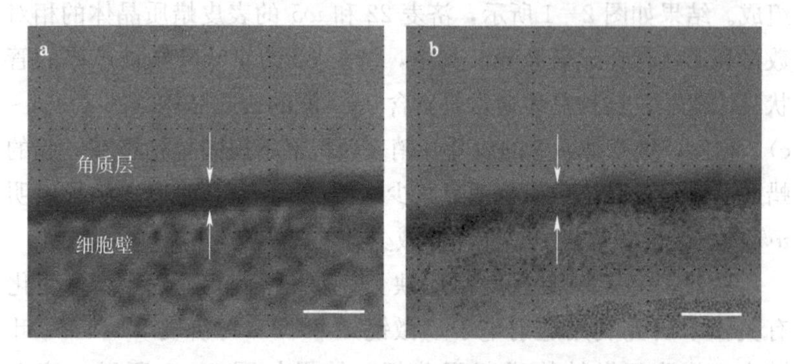

图 2-2　济麦 22 和突变体 *w5* 的旗叶叶鞘角质层透射电镜结果

注：a 和 b 分别为济麦 22 和 *w5* 的旗叶叶鞘透射电镜结果，比例尺 a 和 b 均为 500 nm。

第三节　普通小麦整株蜡质缺失突变体的蜡质成分和含量分析

一、实验材料与方法

1. 材料

开花期（GS65）的新鲜 *w5* 和济麦 22 的旗叶叶鞘基部（近旗叶端）组织，每个样品取 5 次生物学重复，每个重复取新鲜组织 100～200 mg。

2. 实验试剂及实验仪器

（1）实验试剂　色谱纯的氯仿、标准液（C24，Fluka 87089）、BSTFA - bis（Trimethyl - Silyl）Tri Fluoroacetamide（Sigma T5634）、Pyridine。

（2）实验仪器　适合于每一步反应所需的玻璃具塞管；最大体积为 5 mL 的移液枪，配套玻璃枪头；干式加热箱；美国 Agilent GC - MS 联用仪，色谱柱采用配套 Agilent DB - 1 MS 色谱柱（Catalog：123 - 0131）；氮吹仪（QGC - 12T）。

3. 实验步骤及计算

（1）选取处于开花期（GS65）的 *w5* 和济麦 22 植株的近旗叶端的旗叶叶鞘。

（2）将剪下的叶鞘组织进行称重（100～200 mg），并记录好各个样本的重量数据，用于后续计算。

（3）将取好的样品完全浸没在 2 mL 氯仿中迅速计时，放置 1 min。

（4）转移提取液置新的 3.5 mL 玻璃管，加入 50 μL（10 mg/mL）的内标溶液（C24 烷烃），并向其中一个未曾有样品的管中加入内标溶液，用来作为空白样对照。

（5）使用氮吹仪吹上述溶液，直至管中所剩溶液体积少于 1.0 mL（也尽量保证不要只留底部），空白对照不用氮气吹干。

（6）将样品转移到新的反应瓶中，再次进行氮吹至体积约为 100 μL，若体积＜100 μL 可加氯仿补齐至 100 μL，尽量保证每个样品的体积基本一致。

（7）再在一个空的反应管中加入 100 μL 内标溶液，作为双标对照。

（8）在所有反应管中加入 20 μL Pyridine 以及 20 μL BSTFA，70 ℃反应 40 min。

（9）将反应液转移至新的 GC 反应管中。

（10）对样品进行气相色谱分析，保证第一个样品是内标，并对其进行标准化分析，通过计算第一次和最后一次内标的峰面积之比，判断是否可以继续对样品进行实验，合适比例范围是 1.4～1.7。

（11）GC 分析完成后，对样品进行 MS 分析，并对上一步所获得的不同峰值，进行化合物的确定和判断，进而结合 GC 结果计算含量。所有含量除以叶鞘鲜重，为最终单位重量表皮蜡质的含量（μg/g）。

二、蜡质成分和含量比较分析

为了进一步探究济麦 22 和突变体 *w5* 之间可见白霜状蜡质性状显著差异的根本原因，我们选取了开花期（GS65）的旗叶叶鞘，利用气相色谱和质谱联用技术（GC－MS）以及火焰离子化检测（FID）技术进行含量和组分测定，结果如表 2－2 和图 2－3 所示。与野生型济麦 22 相比，突变体 *w5* 叶鞘表皮蜡质总含量下降了 81%（P＝2.25706E－07），分别为 867.08 μg/g± 111.73 μg/g 和 164.82 μg/g± 19.73 μg/g。具体分析单个不同组分发现，*w5* 突变体的烷烃、初级醇、脂肪酸以及未知化合物的含量均显著降低，特别指出的是突变体 *w5* 中未检测到 β－二酮。这个结果表明，*w5*

突变体的蜡质缺失性状与β-二酮的缺失及其他蜡质组分含量显著降低存在密切关系。

表 2-2　济麦 22 和突变体 *w5* 的旗叶叶鞘表皮蜡质组分和含量

蜡质组分	济麦 22（μg/g）	*w5*（μg/g）	倍数变化
烷烃	84.15±10.98	48.54±4.07***	0.58
初级醇	49.36±4.55	34.64±4.72***	0.7
脂肪酸	116.18±12.09	65.74±9.21***	0.57
β-二酮	430.39±63.13	0.00±0.00***	0
未知化合物	187.00±21.30	15.90±1.94***	0.09
总蜡含量	867.08±111.73	164.82±19.73***	0.19

注：总蜡含量（±SD，$n=5$），每个蜡组分的总量（±SD）；***表示通过 t 检验得出的显著性水平 $P<0.001$。

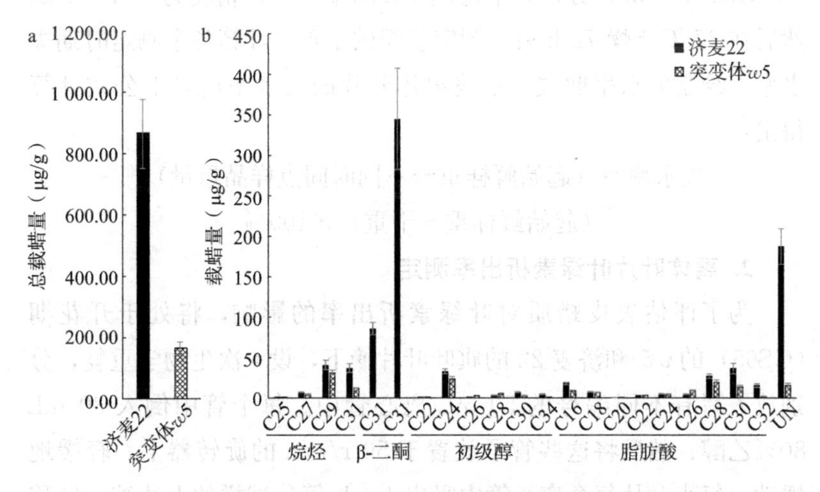

图 2-3　济麦 22 和突变体 *w5* 的旗叶叶鞘表皮蜡质组分和含量

注：a 为济麦 22 和突变体 *w5* 的旗叶叶鞘表皮蜡质总蜡含量，b 为济麦 22 和突变体 *w5* 的旗叶叶鞘表皮蜡质各组分不同碳链长度的化合物含量变化。纵坐标上的数字表示平均含量，单位为 μg/g。误差线表示从 5 个生物学重复中估算出的平均值的标准偏差。

第四节　普通小麦整株蜡质缺失突变体的角质层渗透性分析

一、角质层性状量化的实验方法

为了评估角质层的渗透性，从开花期 *w5* 和济麦 22 的植株中剥离旗叶叶片，用来测量离体叶片的失水率和叶绿素析出率。

1. 离体叶片失水率测定

为了评估表皮蜡质对失水率的影响，将处于开花期（GS65）的 *w5* 和济麦 22 的旗叶叶片摘下，设 4 次生物学重复，在相对湿度约 44%的室温下脱水 12 h，失水过程中使用 AB54 - S/FACT（Mettler Toledo）分析天平每隔 1 h 测重一次，精度为±0.001 g。然后在 37 ℃干燥 72 h 后，测定组织的干重。计算各个测定时期失水率，绘制失水率曲线。最终离体叶片的失水率由以下公式计算得出：

失水率＝（起始鲜样重－不同时间点样品重量）/（起始鲜样重－干重）×100%

2. 离体叶片叶绿素析出率测定

为了评估表皮蜡质对叶绿素析出率的影响，将处于开花期（GS65）的 *w5* 和济麦 22 的旗叶叶片摘下，设 4 次生物学重复，分别放入写有不同编号的 50 mL 离心管中。每个管中倒入 30 mL 80%乙醇；然后将这些管子放置于 50 r/min 的旋转器上，轻缓地摇动。每小时从每个离心管中吸出 1 mL 等分试样的上清液，转移至比色皿中，使用紫外可见分光光度计（上海舜宇恒平科学仪器有限公司，SOPTOP 754）分别测定其在 λ_{664} 和 λ_{647} 波长下的吸收值，每次测定后将每个加样孔中的样品一一对应转回 50 mL 离心管中。12 h 之后，样品每隔 24 h 测一次，共测 2 次。计算叶绿素析出率，绘制叶绿素析出曲线。根据如下公式计算总叶绿素析出量：

$$叶绿素析出量（mmol/g）= 7.93 \times A_{664} + 19.53 \times A_{647}$$

$$叶绿素析出率（\%）= 各时间点叶绿素析出量/24\ h 总叶绿素析出量$$

二、角质层渗透性分析

前人研究表明，蜡质积累减少会导致表皮渗透性增加和干旱敏感性提高（Kerstiens，1996；Aharoni et al.，2004；Bessire et al.，2007）。为了进一步验证这个观点，在开花期（GS65）选取济麦22 和 *w5* 旗叶叶片作为研究对象，对叶片角质层渗透性的两个评价指标叶绿素析出率和离体叶片失水率进行了测定分析和比较。如图 2-4 所示：*w5* 突变体在同一时间点的叶绿素析出率略高于济麦 22（图 2-4a）；与济麦 22 相比，*w5* 突变体的离体叶片失水率明显提高（图 2-4b～c）。失水 3 h后，*w5* 的叶片相比于济麦 22 明显卷曲和枯萎，*w5* 离体叶片损失了其初始重量的 22.19%，而济麦 22 的叶片仅损失了 16.87%。以上结果表明，*w5* 突变体由于表皮蜡质的缺失，表皮渗透性明显升高，保水能力大大降低。

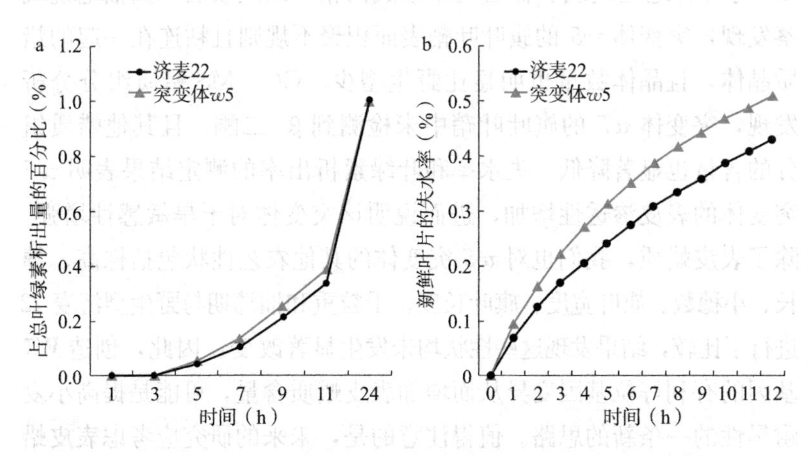

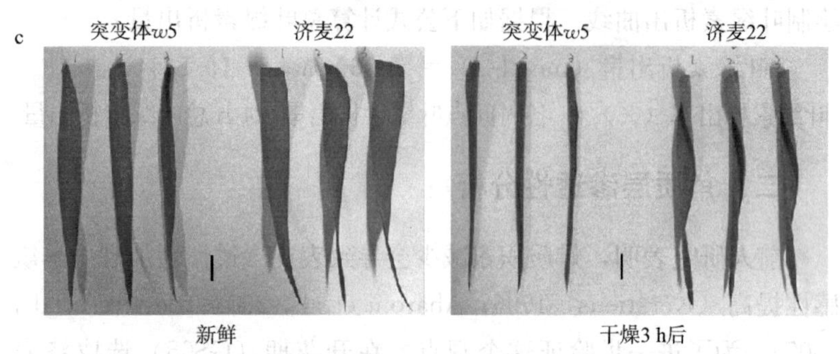

图 2-4　济麦 22 和突变体 *w5* 的旗叶叶片表皮渗透性分析

注：a 为济麦 22 和突变体 *w5* 的旗叶叶片在 80%乙醇中叶绿素析出实验结果；b 为济麦 22 和突变体 *w5* 的旗叶叶片失水率结果；a 和 b 在每个时间点的叶绿素析出率或叶片失水率在纵坐标上分别表示为组织中总叶绿素含量或总水分含量的百分比；c 为济麦 22 和突变体 *w5* 的离体叶片室温失水 3 h 后与新鲜叶片的表型对比图，比例尺为 1 cm。

第五节　结　　论

在本研究中，与野生型济麦 22 相比，整株蜡质缺失突变体 *w5* 的所有地上组织、器官均未形成白霜状蜡质表层。扫描电镜观察发现，突变体 *w5* 的旗叶叶鞘表面积聚不规则且粘连在一起的蜡质晶体，且晶体数量也明显比野生型少。GC-MS 蜡质组分分析发现，突变体 *w5* 的旗叶叶鞘中未检测到 β-二酮，且其他蜡质组分的含量也显著降低。失水率和叶绿素析出率的测定结果表明 *w5* 突变体的表皮渗透性增加，进而说明该突变体对干旱敏感性增强。除了表皮蜡质，我们也对 *w5* 突变体的其他农艺性状包括株高、穗长、小穗数、旗叶宽度、旗叶长度、千粒重和抽穗期与野生型济麦 22 进行了比较，结果发现这些性状均未发生显著改变。因此，创造 *W5* 基因的有利等位基因变异从而增加表皮蜡质含量，可能是提高小麦耐旱性的一条新的思路。值得注意的是，未来的研究应考虑表皮蜡质对成株小麦植物耐旱性的影响，以及田间表皮蜡质的大量积累可能有利于谷物产量的提高。

主要参考文献

Aharoni A, Dixit S, Jetter R, et al., 2004. The SHINE clade of AP2 domain transcription factors activates wax biosynthesis, alters cuticle properties, and confers drought tolerance when overexpressed in *Arabidopsis*. Plant Cell, 16 (9): 2463 - 2480.

Bessire M, Chassot C, Jacquat A C, et al., 2007. A permeable cuticle in *Arabidopsis* leads to a strong resistance to Botrytis cinerea. EMBO J, 26 (8): 2158 - 2168.

Kerstiens G, 1996. Cuticular water permeability and its physiological significance. J Exp Bot, 47 (305): 1813 - 1832.

Koch K, Barthlott W, Koch S, et al., 2006. Structural analysis of wheat wax (*Triticum aestivum*, c. v. '*Naturastar*' L.), from the molecular level to three dimensional crystals. Planta, 223 (2): 258 - 270.

Zhang Z, Wang W, Li W, 2013. Genetic interactions underlying the biosynthesis and inhibition of beta - diketones in wheat and their impact on glaucousness and cuticle permeability. PLoS One, 8 (1): e54129.

第三章
普通小麦整株蜡质缺失突变体的精细定位与候选基因分析

表皮蜡质通常覆盖在植物表面，是由长链脂族分子组成的重要保护屏障，能够保护植物减少多种生物和非生物胁迫的危害（Müller，2006；Reinapinto et al.，2009；Jetter et al.，2016）。迄今为止，人们已经在小麦中定位了很多表皮蜡质相关基因，包括蜡质合成基因 *W1*、*W2*、*W3*、*W4* 和 *Ws*，以及蜡质合成抑制基因 *Iw1*、*Iw2* 和 *Iw3*，这些基因被定位在小麦的 2BS、2DS、1BS、3DL 及 1AS 染色体上（Tsunewaki et al.，1999）。其中，*W1* 和 *Iw1* 这两个基因已经被克隆，长期探索的 β-二酮形成的分子基础被突破，进一步完善了小麦蜡质的生物合成途径（Hen-Avivi et al.，2016；Huang et al.，2017）。本研究以济麦 22 经 EMS 诱变获得的整株表皮蜡质缺失突变体 *w5* 为研究对象，利用 *w5* 突变体和京 411 杂交获得的 F_1 及其衍生的 F_2 分离群体为实验材料，对控制表皮蜡质缺失性状的基因 *W5* 进行了精细定位及候选基因的分析。研究发现该基因是一个新的蜡质合成位点。进一步的研究将拓宽对有关小麦表皮蜡沉积遗传基础的认识。

第一节　普通小麦整株蜡质缺失突变体的背景检测及遗传模式分析

一、实验方法

1. 集群分离分析

根据对 *w5* 和京 411 衍生的 F_2 分离群体蜡质表型的鉴定结果，

采用集群分离分析法，随机选取 12 株极端有蜡单株和 12 株极端无蜡单株，分别提取高质量 DNA，混池，构建有蜡池和无蜡池，使用 90K SNP 芯片（Affymetrix Axiom 2.0 Assay）检测。

2. 基因组 DNA 提取

在小麦拔节前，取亲本及 F_2 群体少许幼嫩叶片组织，用于 DNA 提取。DNA 提取采取 CTAB 法（Devi et al.，2013），略作改动，具体操作步骤如下：

（1）1 L CTAB 提取液配制，配方如下：100 mL 10% PEG 8000；100 mL 1 mol/L Tris－HCl（pH＝7.0）；280 mL 5mol/L NaCl；400 mL 5% CTAB；40 mL 0.5mol/L EDTA－Na2（pH＝8.0）；30 mL10 % SLS；50 mL ddH_2O。将配制好的溶液灭菌，常温保存，使用前 65℃预热 15 min。

（2）取 1 cm 新鲜小麦叶片置于已放入两颗 2 mm 钢珠的 1.2 mL 离心管中，将离心管放入液氮中冷冻，然后使用磨样机快速将叶片研磨成细粉末。

（3）加入 300 μL 预热的提取液并充分混匀，65 ℃水浴或在烘箱中恒温 60 min，每隔 15 min 轻轻混匀一次，直至充分裂解。

（4）加入 300 μL 氯仿：异戊醇（24：1），混匀并轻摇 5 min，再室温静置 2 min。然后 25 ℃、200 r/min，离心 10 min，确保分层。

（5）吸取 100 μL 上清液至新的 96 孔 PCR 板中，加入等体积的预冷异丙醇，混匀后－20 ℃沉淀 30 min 以上（可过夜沉淀）。

（6）4 ℃，2 000 r/min，离心 5 min，倒掉上清液，加 100 μL 75%乙醇漂洗两次。

（7）室温下置于超净工作台晾干至无色，加入 100 μL ddH_2O 溶解 DNA。

（8）待 DNA 完全溶解后，离心，用 NanoDrop 2000 分光光度计检测 DNA 溶液浓度，稀释至 50～100 ng/μL 用于后续 PCR 反应。

二、背景检测及遗传模式分析

为了明确突变体 *w5* 和野生型济麦 22 遗传背景的差异，在实验室的公共引物中随机选取小麦全基因组的 194 对 SSR 引物进行分子标记遗传差异分析（Somers et al.，2004）。结果如图 3－1 所示，194 对 SSR 分子标记在突变体 *w5* 与济麦 22 间均未检测到多态性，说明两者遗传背景一致，突变体 *w5* 确实来源于济麦 22。

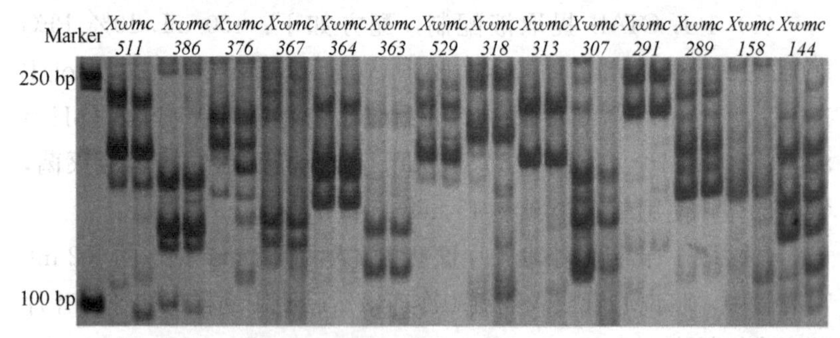

图 3－1　济麦 22 和突变体 *w5* 的分子标记多态性分析

为了探究表皮蜡质缺失性状的遗传基础，我们利用整株表皮有蜡亲本京 411 和突变体 *w5* 杂交的 F_1 代及其衍生的 F_2 分离群体为研究材料进行了分析。结果发现，京 411 和突变体 *w5* 杂交获得的 F_1 植株表面有白霜状蜡质层，且相对于两个亲本而言 F_1 植株的蜡质水平介于二者中间，属于中间型（彩图 3－1）。在包含 304 个单株的 F_2 分离群体中，有蜡个体：中间型个体：无蜡个体的比例为 87：149：68，经卡方检验符合 1：2：1 的分离比例（$\chi^2=2.49<\chi^2_{0.05,2}=5.99$，表 3－1）。上述结果表明，整株无蜡突变体 *w5* 的蜡质缺失性状受半显性单基因控制。

表 3－1　京 411 和突变体 *w5* 衍生的 F_2 群体表型分离比

群体	野生型（个）	中间型（个）	突变体（个）	卡方检验	*P* 值
京 411 × *w5*	87	149	68	2.49	0.29

注：$P=0.05$，$df=2$，卡方阈值为 5.99。

为了进一步探究表皮蜡质缺失性状是否会对其他农艺性状造成一定影响，我们对京411和突变体*w5*衍生的F_2分离群体的蜡质、株高、穗长、可育小穗数以及不育小穗数进行了相关性分析，结果如表3-2所示。可以看出，表皮蜡质性状与其他性状之间的相关系数均未达到显著水平（$P \leqslant 0.05$），说明该蜡质缺失性状不会对其他农艺性状造成影响。

表3-2　京411和突变体*w5*衍生的F_2群体不同农艺性状间的相关性分析结果

性状	蜡质	株高（cm）	穗长（cm）	可育小穗数（个）	不育小穗数（个）
蜡质	1				
株高（cm）	−0.032	1			
穗长（cm）	−0.117	0.134*	1		
可育小穗数（个）	−0.079	0.155*	0.465**	1	
不育小穗数（个）	0.068	−0.085	−0.285**	−0.612**	1

注：Pearson相关性检验，*表示在0.05（双侧）水平上显著相关，**表示在0.01水平（双侧）上显著相关。

第二节　普通小麦整株蜡质缺失突变体的分子标记定位

一、实验方法

1. 分子标记开发

（1）SSR标记开发　SSR标记是根据中国春参考基因组IWGSC RefSeq v. 1.0开发，根据物理位置将目标序列从参考基因组调取出来，使用软件SSRHunter搜索目标序列的SSR位点（一般筛选标准是2 bp重复15次以上，3 bp重复10次以上，4 bp重复8次以上，5 bp 重复6次以上），并使用 Primer3Plus 在侧翼序列中设计 SSR 标记，产物大小控制在250 bp 左右。

（2）InDel 标记开发　为了提高标记开发的效率，我们对野生型济麦22和京411的基因组 DNA 进行了重测序。具体方法为：DNA 质量检测→构建末端大小约为500 bp 的配对末端测序文库→文库质量检测→使用 Illumina HiSeq X Ten 平台生成了平均5倍的基因组覆盖率，每个项目都有150 bp 的配对末端读数→使用默认参数，在 Burrows - Wheeler Aligner 程序（BWA，版本0.7.15）中，将每个亲本的所有序列读数映射到中国春基因组（RefSeq v1.0）。得到的重测序数据通过本实验室小麦基因组生信平台的数据分析，可以从相关平台获取两个亲本之间的 InDel 差异，根据参考基因组设计 InDel 标记。

（3）STARP 标记开发　根据重测序的数据，从小麦基因组生信平台获取两亲本的 SNP 差异信息，然后参考 Long 等的研究方法，SNP 标记转化为 STARP（semi - thermal asymmetric reverse PCR）标记（Long et al.，2017）。STARP 标记包括三条引物：两条不对称修饰的 AMAS 引物（F1 和 F2）以及一条共用的反向引物（R），引物长度为18～27 bp（不含插入片段），扩增产物大小为100～400 bp；开发左引物时，替换左引物3’端第三个或者第四个碱基（替换规则：A→C，T→C，G→A，C→A），在其中一条左引物的5’端延长10 bp 长度序列以保证扩增产物的长度存在差异，便于后期电泳分析序列的长度多态性；两条左引物3’端第一个碱基为 SNP 位点；STARP 标记右引物可以选择染色体特异位置。

2. 基因分型

（1）PCR 反应　PCR 反应在 Applied Biosystems® GeneAmp® 9700 型 PCR 仪上进行。

①SSR/InDel 标记 PCR 反应。

PCR 扩增体系如下：

反应成分	1×（μL）
DNA（浓度 50 ng/μL）	1 μL
Primer F/R（2 μM）	2 μL
2×Taq PCR StarMix	5 μL
ddH_2O	2 μL
Total	10 μL

PCR 扩增程序如下：

反应温度	反应条件
94 ℃	5 min
94 ℃ 30 s 55～57 ℃ 30 s 72 ℃ 30 s	35 cycles
72 ℃	10 min
12 ℃	Forever

②STARP 标记 PCR 反应。

PCR 扩增体系如下：

反应成分	1×（μL）
DNA（浓度 50 ng/μL）	1 μL
STARP－2001 F1∶F2∶R（1∶1∶2，2 μM）	2 μL
2×Taq PCR StarMix	5 μL
ddH_2O	2 μL
Total	10 μL

PCR 扩增程序如下：

反应温度	反应条件
94 ℃	5 min
94 ℃ 30 s 68～58 ℃ 30 s 72 ℃ 30 s	11 cycles
94 ℃ 30 s 58 ℃ 30 s 72 ℃ 30 s	25 cycles
72 ℃	10 min
12 ℃	Forever

（2）扩增产物检测　PCR 扩增产物用 8%非变性聚丙烯酰胺凝胶（PAGE，Polyacrylamide gel electrophoresis）电泳分离后银染显影，检测标记的多态性。具体步骤如下：

①配制 1 L 8%非变性聚丙烯酰胺凝胶溶液。200 mL 40%母液（丙烯酰胺：甲叉丙烯酰胺＝39：1），200 mL 5×TBE buffer，600 mL 去离子水。

②夹板。底板在下，两边放垫片，耳板在上，两侧用夹子固定。

③封底。每 100 mL 非变性聚丙烯酰胺凝胶溶液中加入 1 mL 20% $(NH_4)_2S_2O_8$ 和 100 μL TEMED，混匀后快速封底，每板大约需 10 mL。

④灌胶。待底部凝固后迅速灌胶，每板大约需 40 mL，将板灌满，然后均衡地插入梳子（此步需要注意排空气泡）。

⑤拔梳子。待胶板刚刚完全凝固（注意凝胶时间不能太长，容易有残胶），去掉夹子，用自来水快速冲洗，拔掉梳子。

⑥点样，电泳。将胶板固定在垂直电泳槽，加入适量 1×TBE buffer，点样 2.5 μL PCR 扩增产物，同时点 Marker 和 Loading buffer 用来标记顺序，先 200 V 电压电泳 5 min，后 15 V 恒压电泳 3～4 h。

⑦银染。配制 0.1% $AgNO_3$溶液，每板胶大约需 100 mL。剥胶，将从电泳槽中卸下来胶板用垫片撬开，将胶完整剥落到 0.1% $AgNO_3$溶液中，放到通风橱的摇床上，调整适当的转速，银染 15 min。

⑧显影。配制 500 mL 强碱显影液配方：10 g NaOH、0.3 g 无水 Na_2CO_3、750 μL 甲醛溶液。将 0.1% $AgNO_3$溶液倒掉，快速用去离子水清洗胶块 1 次，加入显影液，显影 15 min 左右，至条带清晰。

⑨拍照。显影完成后，用自来水清洗胶块两次，拍照记录。

⑩记录基因型数据。本研究采用共显性标记，F_2单株标记位点带型与有蜡亲本京 411 带型相同的记为 A，与无蜡亲本 *w5* 带型相同的记为 B，杂合带型记为 H，缺失记为-。

3. 连锁分析

从京 411 和 *w5* 杂交衍生的 F_2分离群体用于绘制局部连锁图。每个 F_2单株表型从其 $F_{2:3}$家系后代的表型（包括叶片、叶鞘和穗子）推导出来的。统计 F_2单株表型进行卡方检验以测试表型数据的拟合优度为 1∶2∶1 的比例。

利用 SSR/InDel/STARP 标记对杂交衍生的 F_2群体进行基因分型，整理基因型数据到 Excel 中，利用 Joinmap4.0 软件进行连锁分析，绘制连锁图（JW，2006）。Joinmap4.0 软件操作步骤：打开“New Project”指令创建新 Dataset→确定作图单株和群体类型以及位点数目导入数据文件→用“Highlight Errors”指令排除数据中的错误→打开“Options”指令选择最大似然算法和 Kosambi 函数→Create Population Node 后用 Calculate 指令进行标记连锁分组→选用合适的标记连锁组群，用“Create Groups Using Groups Tree”指令获得用于作图的组群→用“Calculate map”指令建立框架图，并计算图距。图谱距离的计算采用 Kosambi 函数（Kosambi，1944）。

4. 初步定位

根据对京 411 和 *w5* 衍生的 F_2分离群体蜡质表型的鉴定结果，采用集群分离分析法，使用 90K SNP 芯片检测有蜡池和无蜡池基因型，并统计分析基因分型结果，对目的基因进行初步定位。

5. 精细定位

根据初步定位结果和中国春参考基因组序列信息以及亲本的重测序数据信息，开发了一系列分子标记并对京 411 和 *w5* 衍生的 F_2分离群体进行交换单株筛选，根据交换单株信息、引物信息（表 3－3）和小麦中国春参考基因组信息，绘制遗传图谱，对目的基因进行精细定位。

二、分子标记定位

为了确定控制表皮蜡质缺失性状的突变基因在基因组中的位置，根据对京 411 和突变体 *w5* 衍生的 F_2分离群体蜡质表型的鉴定结果，采用集群分离分析法（BSA），随机选取 12 株极端有蜡单株和 12 株极端无蜡单株，分别提取高质量 DNA，混池，构建有蜡池和无蜡池，用 90K iSelect SNP 芯片对两个极端池进行了基因分型检测。分析结果如图 3－2 所示：在具有检测信号的 8 245 个 SNP 标记中，只有 456 个 SNP（0.06%）在有蜡池和无蜡池间表现出多态性。分析 SNP 标记的基因组位置，发现 133 个多态性 SNP 标记（29.17%）位于 7D 染色体上，说明表皮蜡质基因可能位于 7D 染色体上（图 3－2a）。进一步分析位于 7D 染色体上的多态性 SNP 发现，这些标记主要集中在 110～150 cM。通过比对探针序列在中国春参考基因组的物理位置，发现 7D 染色体的 133 个多态性 SNP 探针均位于长臂上（图 3－2b；图 3－3a）。

表 3-3　用于 *W5* 基因定位、候选基因扩增及定量表达的引物序列

引物名称	正向引物	反向引物	用途
STARP1	ACGGCCGACTACCACCTC TGCTGACGACACGGCCGACTACCAAATT	AATCCTGGTTTGCTCCTCTAG	用于 *W5* 基因的分子标记定位的引物信息
STARP2	GGTACGGTGCCAGCCCGA TGCTGACGACGGTACGGTGCCAGCTAGG	CAACCCGCTCTCACCGAC	
STARP3	ACTACGTTATAAGGTCTCTCACCA TGCTGACGACACTACGTTATAAGGTCTCTCAAAG	TGTAAATCTGAATCTAGTGGGCAC	
STARP4	ATCTATCTTTCAGTGGTTGCCCA TGCTGACGACATCTATCTTTCAGTGGTTGAACG	CGTCGATGTCCTGGAATCTGTT	
STARP5	ATGACCATGAATTAAACGACCCG TGATAACGACACGACATGACCATGAATTAAACGAAACA	TGGCAAACAGGTCCAGTACA	
STARP6	CAATGACAGTGGCTGTGTAGC ACATTTTCAGCAATGACAGTGGCTGTGCCGG	GCTTTATGGAGTGCTCTGAACAT	
STARP7	AGGTTGACAGTTACACAGGCTC TGCTGACGACAGGTTGACAGTTACACAGAATG	GTGGTTGCTTGAAGTTTGTAGC	
STARP8	GGTGCGTATTTGCTCAACCTA TCGATTGACTGGTGCGTATTTGCTCAAATTC	AAAGTGCTTCCATTTAGTGTCGT	
STARP9	GGATTCCACGTATTTGGCGTG TGCTGACGACGGATTCCACGTATTTGGAATA	GGGAGGAGGAGAAGGGGAG	

（续）

引物名称	正向引物	反向引物	用途
STARP10	GGTGTACAAATCCGCCTGC TGCTGACGACGGTGTACAAATCCGCTTGG	TCGTGGGTTCATATATGCTTCAC	用于 *W5* 基因的分子标记定位的引物信息
STARP11	CAAGCGCACCTCCTAGGG TGCTGACGACCAAGCGCACCTCCTCAGA	TGTGATAACGCTTCCGCTGT	
STARP12	TGCCGTGAGCTTCTCAGCGG TGCTGACGACTGCCGTGAGCTTCTCAAAGA	GCGCAGATCCCAGATCTTGA	
InDel1	CAAGTGGCATAGCGTTCCTC	TCCATGACCTCTCCAGTTGG	
InDel2	ATATGTTCAGGTACCCATGTCTG	AGTCACACAAACTCCAGACAAAA	
InDel3	TAGATAGACAACGTGCGTGC	TCCCCTCTGCTACGAAATGT	
InDel4	TTTTCTTCACCCGTTGCTGATG	CTTGCCCCTACTCTGCTCG	
InDel5	GATCCGGCGGCTAACTCAG	CACAAAAACACGGGCAGGAA	
SSR1	ATTGGGGTTTACAGGTGTGGTA	GTCCCAAAACTCCACCAAAACT	
SSR2	TGGTTTAGGGAGGTGTGGTATT	ACAGGAAGAAGCGTATTGTGAC	
SSR3	TCGATTATTTTGGGGACTAATGGG	AGGCCTTGTCTTTCCTTTTGAA	
SSR4	TCTCGAGCCTGTACTATGCC	ATTGTTTACCGGGAACTAAGCG	
SSR5	AGTGGCACTGGTAATGTCCT	TCATCCTACCAATGCCACTGA	
SSR6	CGTATGTGGTTGGAAGTTCTGT	GTGACGAGCCTCATTCCAAC	

（续）

引物名称	正向引物	反向引物	用途
SSR7	TGTGGTTGGAAGTTCTGTACATG	TTCTTGTGCACTCTTTAGCGAAT	用于 *W5* 基因的分子标记定位的引物信息
SSR8	AAGTTGACGCACTAATGATGGTT	TCGCCCAAGTTGAGTCAAAATAA	
SSR9	GGTAGTATATGAGACATGTGGGGT	GGGGTTTTGGGTTCATGATTTCT	
SSR10	CCGACGGCATAGAGAGAGAG	GGACATTCTCTGAAGCACCTTG	
12LC-1	TGGTCTGCCACCTGGATCTA	CTGAAACCTGTGCCACCGAT	用于 *W5* 候选基因扩增基因和启动子的特异引物
12LC-2	AGTGCGAGTACTGTCACATCG	AGCAATCATAATAGAGAGGCGCA	
12LC-3	AATGATTGCATTTCAATGAAGAGC	GCAGCACACACCTCATCCTA	
12LC-4	CGAACAAGGTGTACTTCGTGC	CGTCCTCCCATTCATCCAGG	
62-1	GCAGTTTCCCCAATGTTTCCG	CGACAGATCACAGCACGAGA	
62-2	CCCCTAGTCCATCCGCCTAT	CCCCCTCCATTTGGTGATGT	
P63-1	TTGCACTTTCACCTGGGACA	AAAGTACCCAACGCCCAAC	
P63-2	CGGTAGTAAAGAACTTGCATGACA	GGCCTCAACTTTCTCCTCGA	
7D63-1	GGACTGGCCAGAGTGAAACA	TGGATCTTGTCGAACTCGGTG	
7D63-2	GGGTGAACTGAACCAGGGAC	GGCCTTCTCTGGAAACGTCT	
7D63-3	AGCAAGCATGGTGACGATCA	GTCAGCACTAGTGTGGGGTC	
P64-1	ATAGGAGAAGACATACGAGGCT	CAAGGGGGAACAGAGAGCAA	
P64-2	TGAGGCAGGTAGTCAGGACA	ACCAGAACTTCCGCCATTGT	

（续）

引物名称	正向引物	反向引物	用途
N6400-1	GCCCAAATCAACACACACCA	TCCAGTAACAGTGGTCTGCG	用于 *W5* 候选基因扩增基因和启动子的特异引物
N6400-2	TGTGATGTGACATTGTTTCGGG	CTTTCAGGAAGCTCACGTAATCT	
N6400-3	CGTGCTAGACTTGCAAGCCT	CCGGCGTCGTAGCTGAAATA	
N6400-4	GTTCTCAACTTGTATGACCGCG	CGAGTCAAGGAGATCCGAGC	
N6400-5	CACATATCGTGCTCGGTGGT	ACCTGCAACACAGTTTTATGAAC	
TaActin	GACCGTATGAGCAAGGAGAT	CAATCGCTGGACCTGACTC	用于 *W5* 候选基因实时定量的特异引物
6612RT	ATTCAGGTCGCAGAATCCCG	CATATAGTTCGTCTTGCAGAGCA	
6200RT	GTTGGAGGACGGGATGACAG	CGATCTACGTTTGCACCACG	
6300RT	CTGACCCAGCCAGGACGT	CATCGTGAGACTGCTCCTGT	
6400RT	AGCTTAAACTCCATAACTTCATCGA	AGAACATGCGGTGCGGATTA	
1DRT	TCACACGGTACTCTCACACG	CGTCGCTGTGGTGTAGGTTA	用于转录组测序验证的实时定量的特异引物
3DRT	TTACCGAGCTGGCCAAGTTC	TGGATCCTCTAAAATGCAACTTCG	
4BRT	AGCCGAAGATCCAAACTCCG	AGGTGGCACTTTTGGGAACA	
5ART	TGGGCTTTTGCTGTGAAGTT	TCCCTACCCTGGAGTAGATGA	
6ART	ATCTCACCTCACCTCCTCCC	ATTTTCTCTTCTCGGTCCTCC	
2ART	GTAGCATGCATTCGACACGC	CACCGAACAACCATTCCTGC	
4DRT	ACAAAATTCCTCATCTGTGTTGTGT	GCTGTCTGTCTCGACACTGT	
5BRT	GGCGACGCTGCAGTGTAT	CGGAGGTTAAACACACCCATTTT	
7ART	TGGACCTAGTACAGTGATGTACG	AGCAGATACCTAGCGACTCA	

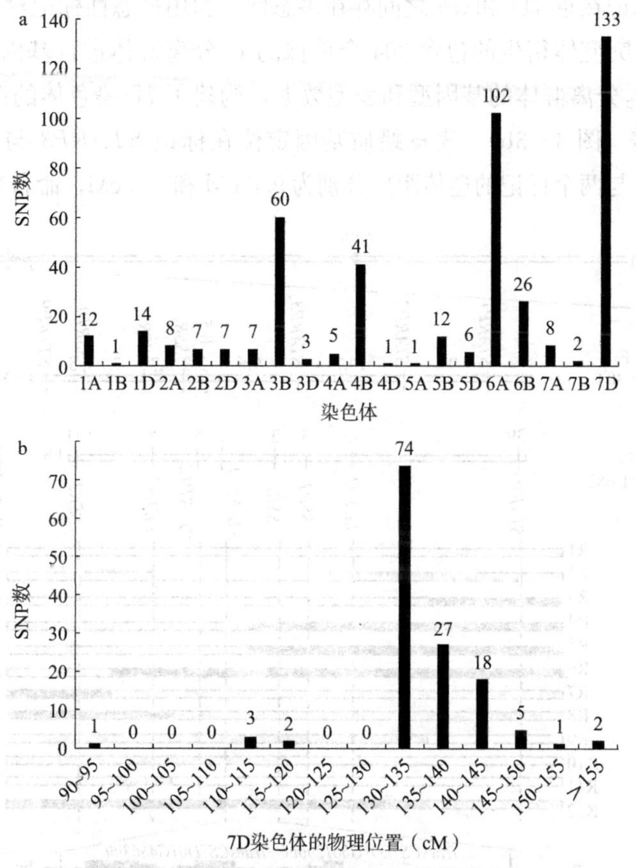

图 3-2　无蜡池和有蜡池间多态性 SNP 的分布

注：a 为每个染色体上候选 SNP 的分布；b 为根据 IWGSC RefSeq v1.0，7D 染色体上 SNP 的物理位置。

为了进一步确定表皮蜡质突变基因的位置，我们选择多态性 SNP 标记富集区间（110～150 cM）内的 37 个 SNP 位点，开发为 STARP 分子标记，同时利用小麦 7D 染色体的参考基因组序列以及亲本重测序序列比对结果，在该区间开发了 192 个 SSR 标记和 56 个 InDel 标记，其中 10 个 STARP 分子标记、5 个 InDel 标记和 10 个

SSR标记在京411和 $w5$ 之间存在多态性。利用多态性标记对京411和 $w5$ 突变体衍生的包含304个单株的 F_2 分离群体进行基因分型。结合 F_2 分离群体的基因型和表型数据，构建了7D染色体的遗传连锁图谱（图3－3b）。表皮蜡质基因定位在标记 *STARP3* 与 *SSR3* 之间，与两个标记的遗传距离分别为9.6 cM和3.9 cM，命名为 *W5*。

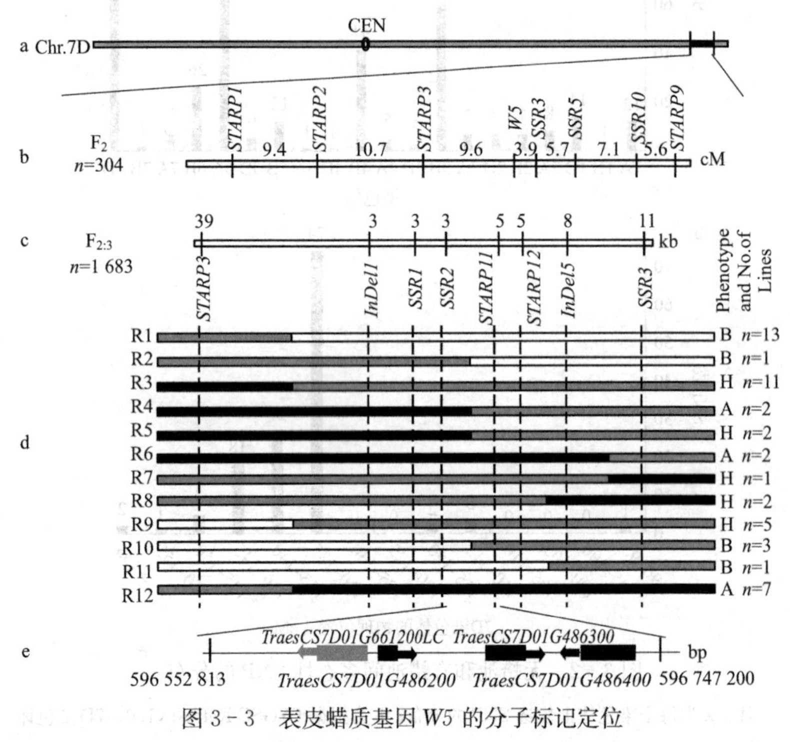

图3－3　表皮蜡质基因 *W5* 的分子标记定位

注：a为 *W5* 在小麦7D染色体上的位置。CEN表示着丝粒。黑条表示 *W5* 的初步定位区域。b为用于初步定位 *W5* 基因的连锁图谱。相邻标记之间的遗传距离显示在图上方。c为用于精细定位 *W5* 基因的物理图谱（根据IWGSC RefSeq v1.0）。相邻标记之间的重组个体数目在图上方显示。d为由分子标记和 F_2 单株的基因型表型确定的重组类型。黑色、白色和灰色长条分别代表京411的基因型、突变体的基因型和杂合基因型。e为根据IWGSC RefSeq v1.0注释在精细定位区间内的基因。黑框代表高可信度基因，灰框代表低可信度基因。箭头指示这些基因的转录方向。

为了精细定位 *W5* 基因，我们利用了 6 个多态性标记（*STARP3*、*SSR1*、*SSR2*、*SSR3*、*InDel1* 和 *InDel5*）以及两个新开发的标记（*STARP11* 和 *STARP12*）对 1683 株 $F_{2:3}$ 植株进行基因分型，共筛选得到 50 个重组个体（图 3－3c）。如图 3－3d 所示，总共包括 12 种重组类型（R1～R12）。基于基因型和表型数据，R2 和 R5 重组类型将 *W5* 基因定位在标记 *SSR2* 的下游，而 R4 和 R10 重组类型将 *W5* 基因定位在标记 *STARP11* 的上游，其他重组类型也支持该结果。综上所述，*W5* 基因被精细定位在标记 *SSR2* 和 *STARP11* 之间。根据 IWGSC RefSeq v. 1.0 中国春参考基因组，这两个标记之间的物理位置大约 194.4 kbp，包含 3 个高置信基因和 1 个低置信基因（图 3－3e）。

第三节　*W5* 位点定位区间的候选基因分析

一、实验方法

1. 基因扩增

根据参考基因组信息，对目的基因在 gDNA 水平上进行扩增。首先设计每个基因特异引物（表 3－3），然后以野生型济麦 22 和突变体 *w5* 高质量 DNA 为模板扩增基因序列和大约 2 kbp 的启动子序列。为了保证扩增序列的效率和高特异性，实验选取 Tks Gflex DNA Polymerase（TaKaRa）进行扩增，具体扩增体系如下：

反应成分	1×（μL）
DNA（浓度 100 ng/μL）	1 μL
F/R（2 μM）	2 μL
2× Gflex PCR Buffer	5 μL
Tks Gflex DNA Polymerase	0.2 μL
ddH_2O	1.8 μL
Total	10 μL

扩增程序如下：

反应温度	反应条件
98 ℃	1 min
98 ℃ 10 s 58 ℃ 30 s 68 ℃ (1 kbp/min)	35 cycles
68 ℃	10 min
12 ℃	Forever

2. PCR 产物的电泳检测与纯化回收

PCR 扩增结束后，吸取一定体积的产物用 1%的琼脂糖凝胶对 PCR 产物进行电泳分离，电压 150 V，电泳 15 min，在凝胶成像扫描仪下观察跑胶结果，并在紫外灯下鉴定扩增条带，用手术刀切割扩增条带大小的目的产物，使用琼脂糖凝胶 DNA 回收试剂盒进行纯化。具体操作如下：

(1) 将切割的目的胶块置于 1.5 mL 离心管中，按照说明书要求比例加入一定体积的 Binding Buffer，50 ℃水浴或金属浴至胶块完全溶化。

(2) 将上述胶溶液转移至吸附柱，静置 1～2 min，10 000 r/min 离心 1 min，弃掉废液。

(3) 向吸附柱中加 700 μL Wash Buffer（使用前检查是否加入定量乙醇），10 000 r/min 离心 1 min，弃掉废液。

(4) 重复上述操作步骤。

(5) 10 000 r/min 空离吸附柱 1 min，尽量将 Wash Buffer 去除干净（否则可能干扰后续实验）。

(6) 弃掉离心管，将吸附柱置于干净的 1.5 mL 离心管中，室温晾干约 5 min 至滤膜干燥，加入 30～50 μL ddH_2O（最好提前在

65 ℃水浴锅或者烘箱预热），静置 2 min，10 000 r/min 离心 1 min，此步骤可重复进行一遍以获得效果更佳的回收产物。

（7）得到的溶液取 2～5 μL 进行电泳检测回收效果。

3. 连接转化大肠杆菌

连接体系：将 4 μL 回收产物和 1 μL pEASY－T1 Simple 加入 0.2 mL 离心管中，轻轻混匀并瞬时离心，在 PCR 仪中 37 ℃反应 20 min 后，放于冰上连接。

转化大肠杆菌的具体步骤如下：

（1）从－80 ℃冰箱取出大肠杆菌感受态细胞（DH5α 感受态细胞，TRANSGEN），插入碎冰中缓慢解冻约 20 min。

（2）在超净工作台中，将 5 μL 连接产物加入 100 μL 感受态细胞并轻轻混匀，冰上静置孵育 30 min。

（3）42 ℃水浴热激 90 s，后立刻置于冰中静置 2 min 以上。

（4）在超净工作台中，加入 500 μL 的 LB 液体培养基（不含抗生素），混匀后置于振荡培养箱培养 1 h（37 ℃，200 r/min）。

（5）室温条件下，4 000 r/min，离心 5 min，弃掉约 400 μL 上清液，留取 100 μL 上清培养液重新悬浮菌体，使用灭菌的涂布器将菌液均匀涂布在含 50 mg/L 卡那霉素的 LB 平板上，待菌液晾干后用封口膜将平板密封好。

（6）37 ℃恒温培养箱中，倒置过夜培养，待平板上出现明显单菌落时取出平板。

（7）在超净工作台中，用灭菌的小枪头挑取单克隆菌落于 300 μL 含有 50 mg/L 卡那霉素的 LB 液体培养基中，放在摇床上振荡培养 3 h（37 ℃，200 r/min）。

（8）在超净工作台中，吸取 1 μL 菌液做模板进行 PCR 扩增，PCR 扩增体系以及扩增程序如下。

PCR 扩增体系如下：

反应成分	1× (μL)
菌液 DNA	1 μL
Primer F/R (2 μM)	2 μL
2×Taq PCR StarMix	5 μL
ddH_2O	2 μL
Total	10 μL

PCR 扩增程序如下：

反应温度	反应条件
94 ℃	10 min
94 ℃ 30 s	
56 ℃ 45 s	35 cycles
72 ℃ (1 kbp/30 s)	
72 ℃	10 min
12 ℃	Forever

(9) 吸取一定体积的 PCR 扩增产物进行 1%琼脂糖电泳检测，阳性菌液送天一辉远生物公司测序。

4. 序列比对分析

送公司完成测序后，利用 DNAMAN 6.0 软件将测序获得的野生型和突变体的候选基因的基因区序列以及启动子序列之间进行比对，分析二者是否存在序列变异。

5. 基因功能预测

在精细定位结果的基础上，根据中国春参考基因组 RefSeq v.1.0 注释，对被定位区间内的所有基因进行基因功能分析和预测，并同时参考了拟南芥和水稻的同源基因注释信息，预测并分析了各个基因的功能。

二、*W5* 位点定位区间的基因分析

为了进一步确定 *W5* 的候选基因，我们根据中国春参考基因组 RefSeq v. 1.0 和拟南芥及水稻中同源基因的注释对定位区间内 4 个基因的功能进行了分析，结果如表 3 - 4 所示。1 个低置信度基因 *TraesCS7D01G661200LC* 编码一个假定的谷氨酸受体 GLR3 蛋白。除此之外，3 个高信度基因（*TraesCS7D01G486200*、*TraesCS7D01G486300* 和 *TraesCS7D01G486400*）具有不同的注释功能，分别编码 sec61 - gamma 蛋白转运蛋白、B3 结构域蛋白和假定的抗病 RPP13 - like 蛋白。

为了分析 *W5* 基因精细定位所在区域的这 4 个基因在野生型和突变体之间的遗传变异，根据中国春的参考序列设计了每个基因的特异引物，以扩增外显子、内含子和大约 2 kbp 的启动子。DNA 序列比对分析表明，在济麦 22 和 *w5* 突变体之间没有检测到这4 个基因的序列差异。

表型变异通常与基因表达模式的改变有关（Fay et al., 2004）。前人研究表明，通过基因组区域远端转录因子结合事件，也可以实现转录调控，其中一些距离核心启动子可能高达 1 Mb (Lettice et al., 2003)。考虑到每个基因仅分析了约 2 kbp 的启动子，为了明确 *W5* 基因的候选基因，我们在孕穗阶段选取济麦 22 和 *w5* 突变体的旗叶叶鞘组织提取 RNA，通过 qRT - PCR 检测了 4 个基因在 2 个亲本中的表达水平。结果如图 3 - 4 所示，*TraesCS7D01G661200LC* 在叶鞘中未检测到表达。与野生型济麦 22 相比，*TraesCS7D01G486200*、*TraesCS7D01G486300* 和 *TraesCS7D01G486400*在突变体 *w5* 中的表达水平显著上调（$P<0.05$）。此外，与 *TraesCS7D01G486200* 和 *TraesCS7D01G486400* 相比，*TraesCS7D01G486300* 在旗叶叶鞘中的表达量很低。

表 3-4　194.4 kbp 区域中注释基因的详细信息

物理位置	基因名称（IWGSC v1.0）	基因方向	基因名称（拟南芥）	基因符号（拟南芥）	功能注释（拟南芥）	基因名称（水稻）	功能注释（水稻）
596 665 954－596 671 485	*TraesCS7D01G661200LC*	－	*AT1G05200*	*GLR3.4*	编码一种假定的谷氨酸受体 GLR3，在质体和质膜中具有双重定位	*LOC_Os 07g33790*	谷氨酸受体 3.4 前体
596 674 532－596 676 113	*TraesCS7D01G016200*	＋	*AT4G24920*	*SEC61G2*	secE/sec61－γ 蛋白转运蛋白	*LOC_Os 02g08180*	蛋白质转运蛋白 SEC61
596 699 471－596 702 912	*TraesCS7D01G016300*	＋	*AT3G18960*		含 B3 结构域的蛋白	*LOC_Os 03g42280*	含 B3 结构域的蛋白
596 705 267－596 711 736	*TraesCS7D01G016400*	－	*AT3G14470*	*RPPL1*	推测的抗病性 rpp13 类蛋白 1	*LOC_Os 02g35210*	抗病蛋白

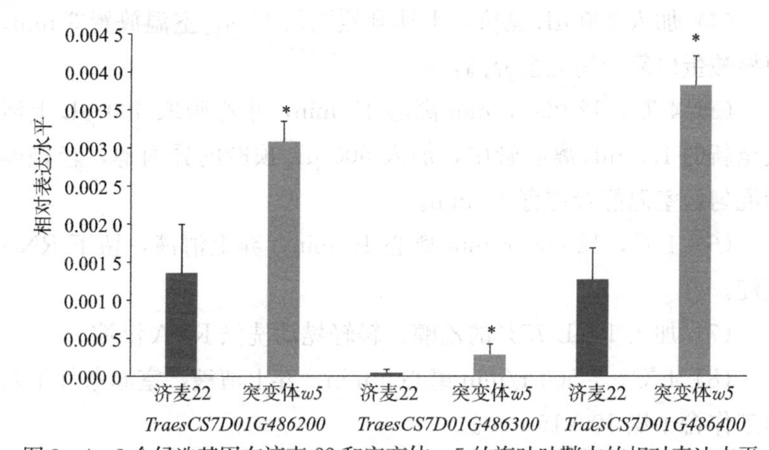

图 3-4　3 个候选基因在济麦 22 和突变体 *w5* 的旗叶叶鞘中的相对表达水平

注：*TaActin* 作为内源性对照，*Bars* 表示从 3 个生物学重复计算得到的平均水平的标准偏差。* 表示在 $P<0.05$ 时差异显著。

第四节　普通小麦整株蜡质缺失突变体的转录组分析

一、实验方法

1. RNA 的提取

选取正常生长处于孕穗期的野生型和突变体的旗叶叶鞘，采用 Trizol 法（Invitrogen）提取 RNA，具体步骤如下：

（1）研钵洗净置于高压灭菌锅灭菌 2 h 以除去 RNase（注：提 RNA 过程用的其他实验器具也均需保证 RNase-free）。

（2）剪取一定大小的小麦组织样品在加入液氮的研钵中迅速研磨成粉末状，称取 100～150 mg 样品于 1.5 mL 离心管中，立即加入 1 mL Trizol 裂解液，并在漩涡振荡器上振荡混匀，室温放置 5 min。

（3）4 ℃，12 000 r/min 离心 10 min，吸取上清液至新的 1.5 mL 离心管中。

（4）加入 200 μL 氯仿，手动剧烈混匀 15 s，室温放置 3 min，使核酸蛋白复合物完全分离。

（5）4 ℃，12 000 r/min 离心 15 min，小心吸取 400 μL 上清液至新的 1.5 mL 离心管中，加入 500 μL 预冷的异丙醇，轻轻颠倒混匀，室温静置孵育 10 min。

（6）4 ℃，12 000 r/min 离心 10 min，弃上清液，留下 RNA 沉淀。

（7）加入 1 mL 75%的乙醇，轻轻晃动洗涤 RNA 沉淀。

（8）4 ℃，7 500 r/min 离心 5 min，弃上清液，室温条件下超净工作台干燥 10～15 min。

（9）放置于冰上，加入 30～50 μL 的 RNase - free ddH_2O 溶解 RNA 沉淀，使用 NanoDrop 2000 分光光度计检测 RNA 浓度，并用琼脂糖凝胶电泳检测 RNA 的完整性，后置于−80 ℃冰箱保存备用或直接进行后续反转录实验。

2. 转录组数据分析

总 RNA 提取完成后，组织样品送至北京贝瑞和康生物技术有限公司完成质检、文库构建和测序，采用 Illumina RNA - Seq 方法，以 150PE 和 Novaseq6000 平台进行高通量测序，测序数据量为每个样品 10 G，数据分析流程为：

（1）利用 Trimmomatic 过滤原始数据，剔除低质量的 reads，保留高质量的 reads。

（2）利用 STAR 将高质量的 reads 比对到小麦中国春参考基因组上（IWGSC RefSeqv1.0），并用 Feature Counts 计算比对到每个基因的 read 计数，然后将 read 计数标准化为 FPKM。

（3）使用至少在一个样本中 RPKM≥1 的基因表达标准过滤得到表达基因，用 DESeq2 进行差异表达分析。基因表达变化倍数的绝对值（|log2FoldChange|）>1 且 FDR<0.05 的基因作为差异表达基因（DEGs）。

（4）利用 Cluster Profiler 对差异表达基因进行 GO 注释，过滤阈值为 FDR⩽0.05。具体分析流程使用中国农业大学小麦研究中心生信分析平台中小麦族同源基因注释数据库板块中的 Go Enrichment 功能模块进行分析（Chen et al.，2020）。

3. cDNA 第一链的合成

使用 HiScript Ⅱ RT SuperMix（Vazyme）合成高质量第一链 cDNA，具体步骤如下：

（1）基因组 DNA 去除　在 RNase - free 的离心管中配制如下混合液，用移液器轻轻吹打混匀，42 ℃孵育 2 min。

反应成分	1×（μL）
RNase - free ddH_2O	补充至 16 μL
4× gDNA wiperMix	4 μL
模板 RNA	1 pg～1 μg
Total	16 μL

（2）配制逆转录反应体系　在第一步的反应管中直接加入 5× HiScript Ⅱ qRT SuperMix Ⅱ，用移液器轻轻吹打混匀。

反应成分	1×（μL）
5× HiScript Ⅱ qRT SuperMix Ⅱ	4 μL
第一步反应液	16 μL
Total	20 μL

（3）进行逆转录反应　将反转录后合成的 cDNA 置于－20 ℃冰箱中保存备用。

反应温度	反应条件
50 ℃	15 min
85 ℃	5 s
12 ℃	Forever

4. 实时荧光定量 PCR（qRT－PCR）

定量引物设计一定要特异，合成后先检测其扩增效率，后使用 SYBR Green PCR Master Mix（Vazyme Biotech，Ltd.，China）在 CFX96 Real－Time PCR Detection System（Bio－Rad Laboratories，Inc.，USA）进行 qRT－PCR，并通过相对定量方法对基因表达进行定量。对于每个单独的品系，以 3 个独立的生物学重复和 3 个技术重复进行 qRT－PCR。

PCR 扩增体系如下：

反应成分	1×（μL）
模板 cDNA	1 μL
Primer F/R（2 μM）	1 μL
SYBR Green PCR Master Mix	5 μL
ddH_2O	3 μL
Total	10 μL

PCR 扩增程序如下：

反应温度	反应条件
95 ℃	3 min
95 ℃ 15 s 60 ℃ 20 s 72 ℃ 20 s	40 cycles
65 ℃	5 s

根据相关信息，小麦 *TaActin*（*TraesCS5D01G132200*）在不同的组织器官中均有表达，因此我们选其作为内参。采用比较阈值法对定量结果进行分析，设置阈值并确定在该阈值下的循环数 CT 值，计算出相应的 C 值，$C=2^{-\Delta CT}$，$\Delta CT=CT_{目标基因}-CT_{内标基因}$。

二、转录组测序分析

1. 转录组数据质控

为了阐明 *w5* 突变体整株无蜡性状的分子基础，我们选取野生型济麦 22 和突变体 *w5* 孕穗期的叶鞘为材料提取总 RNA，进行了转录组测序（RNA－seq）。每个基因型设置 3 个生物学重复（突变体：*w5* Rep1、*w5* Rep2 和 *w5* Rep3；野生型：Jimai22 Rep1、Jimai22 Rep2 和 Jimai22 Rep3），剔除低质量的测序 reads 后，将每个样本的高质量 reads 比对到小麦参考基因组上。每个库的原始 reads 数从 32.91 万到 65.29 万不等。经过质检过滤后，每个库产生 32.78 万～65.00 万 reads。所有文库的 *Q*20 和 *Q*30 值分别≥93.09%和≥87.58%，72.33%～76.23%的 reads 有唯一比对位置（表 3－5）。不同生物重复的相关系数在 0.985～0.999（彩图 3－2a）。总体来说，这些结果均验证了测序数据的高质量，可以进行后续分析。

表 3－5　样品测序输出数据的质量评估

样品名称	原始读长 (bp)	净读长 (bp)	测序数据量	*Q*20 (%)	*Q*30 (%)	唯一映射
w5 Rep1	32 914 390	32 776 353	9 832 905 900	93.09	87.58	74.57
w5 Rep2	38 907 524	38 764 463	11 629 338 900	93.76	90.92	72.33
w5 Rep3	40 516 174	40 279 862	12 083 958 600	94.02	90.69	75.96
Jimai22 Rep1	65 290 311	65 000 411	19 500 123 300	94.15	90.48	73.55
Jimai22 Rep2	39 314 383	39 152 004	11 745 601 200	94.55	91.31	76.23
Jimai22 Rep3	45 073 861	44 844 112	13 453 233 600	94.02	89.73	72.85

2. 差异表达基因分析

为了确定野生型和突变型之间基因表达的差异，根据每千碱基每百万（FPKM）的片段值对基因表达水平进行标准化（Marioni et al.，2008)。有唯一比对位置的 reads 进行表达量计算，最终获得了每个基因经过归一化的表达量的 RPKM 值。根据 DESeq2 分析结果，以 Adjusted *P* value<0.05 且 *Fold - change* value>2或者<0.5 作为标准进行筛选，共筛选出 767 个基因在突变体和野生型之间存在差异表达，占检测基因总数的 1.11%。其中，与济麦 22 相比，*w5* 突变体中共鉴定到 458 个上调表达基因和 309 个下调表达基因（彩图 3 - 2b）。进一步对 767 个差异表达基因的染色体分布进行了统计，结果发现这些差异表达基因在小麦染色体上均匀分布（彩图 3 - 2c）。

3. qRT - PCR 验证

为了验证转录组数据的可靠性，我们随机挑选了 9 个差异表达基因进行实时荧光定量 PCR 的验证（定量引物见表 3 - 3）。结果表明实时定量 PCR 的结果与转录组数据的结果变化趋势比较一致（彩图 3 - 2d），说明转录组数据分析可靠。

4. 差异表达基因 GO 富集分析

为了解济麦 22 和 *w5* 突变体差异表达基因的生物学意义，按照错误发现率（FDR）<0.05 的标准对这些基因进行基因本体论（Gene Ontology，GO）富集分析。结果表明，767 个差异表达基因中共有 151 个基因获得注释，并划分为 18 个功能组。根据功能组的不同又可进一步分为两大主类：分子功能和生物学过程。两类注释分别占 21.85%和 78.15%，表明大部分差异基因与分子功能有关。分子功能注释的基因大部分富集在单加氧酶活性、酰基水解酶活性和转移酶活性等条目。

为了阐明突变体中蜡含量降低的原因，我们还对 309 个下调表达基因进行了 GO 富集分析。大多数下调的 DEGs 富集于生物过程类别中的脂质运输过程、蜡生物合成过程和代谢过程。在分子功能类别中，下调的 DEGs 主要富集于单加氧酶活性、酰基转移酶活性和脂酰辅酶 A 还原酶活性等（彩图 3 - 3a）。此外，对 458 个上调基因进行了 GO 富集分析，发现大部分上调的 DEGs 在防御反应过程中富集（彩图 3－3b）。

5. 与表皮蜡代谢途径相关的基因

为了确定 *W5* 调控的表皮蜡代谢的关键基因，根据之前的报道，我们检测了所有已报道参与表皮蜡生物合成、转运和调控的基因的表达情况（Lee et al.，2015；Hen－Avivi et al.，2016；Schneider et al.，2016）。在收集到的 422 个基因中，参与蜡质合成和转运途径的 44 个基因在济麦 22 和 *w5* 突变体中显著差异表达。Fisher 精确检验表明，这两组基因之间存在显著的相关性（$P=0.000\,54$）（彩图 3－3c），说明 *W5* 在蜡质生物合成和转运中起着至关重要的作用。

为了确定 *W5* 参与的具体步骤，我们建立了蜡合成和运输代谢通路模型（彩图 3－4），图中显示了基因符号和相应的表达水平。在 VLCFAs 生物合成过程中，乙酰辅酶 A 羧化酶基因（*ACC1*）、长链酰基辅酶 A 合成酶基因（*LACS*）、3－酮酰基辅酶 A 合成酶基因（*KCS*）和极长链 3－氧酰基辅酶 A 还原酶基因（*KCR*）的表达水平基本下调。特别是其中一个 *HAD* 基因（FAS 的一个成员）在突变体中表达上调，推测是由于底物 C16/C18 酰基辅酶 A 的减少造成的负反馈调节。在小麦生殖生长期，3－酮酰基－ACP 在羧酸酯酶基因（*DMH*）、查尔酮合成酶基因（*DMP*）和细胞色素 P450 基因（*DMC*）等基因簇的催化下被 3－酮酰－ACP 被催化成 β－二酮及其衍生物。这些基因中的大部分都显著下调，这可能是导致 *w5* 突变体中 β－二酮及其衍生物缺失的原因。此外，与济麦 22 相比，*w5* 突变体中参与脱羰基途径和酰基还原途径的基因，如脂肪酸酰基辅酶 A 还原酶基因（*FAR*）、O－酰基转移酶（*WSD*1－like）家族蛋白基因（*WSD*1）和 Eceriferum 1（*CER1*）显著减少了 4.0～12.2 倍。同时，在蜡转运方面，5 个脂质转运蛋白（LTP）基因和 2 个 ABC 转运蛋白 G 家族蛋白（ABCG）基因在 *w5* 突变体中表达量均下调 3.3 倍以上。这些结果表明，*W5* 在小麦蜡质的合成和运输中起着核心作用。

为了全面了解 *W5* 调控小麦蜡质的遗传通路，我们进一步通过 qRT－PCR 检测了 *w5* 突变体和济麦 22 旗叶叶鞘中 5 类共 43 个重要蜡质候选基因的表达情况（Zhang et al.，2013）。43 个基因包括 4 个脂肪酰基伸长基因、6 个酰基还原基因、14 个脱羰基因、6 个蜡质转运基因和 3 个蜡质调控基因（图 3－5）。结果表明，除脱羰途径基因外，其余 4 类基因的表达均显著下调，这与我们的转录组结果一致。在脱羰途径中，7 个 *CER1* 基因中有 6 个上调，这可能与烷烃生物合成代谢途径的反馈调控或其他复杂机制有关。

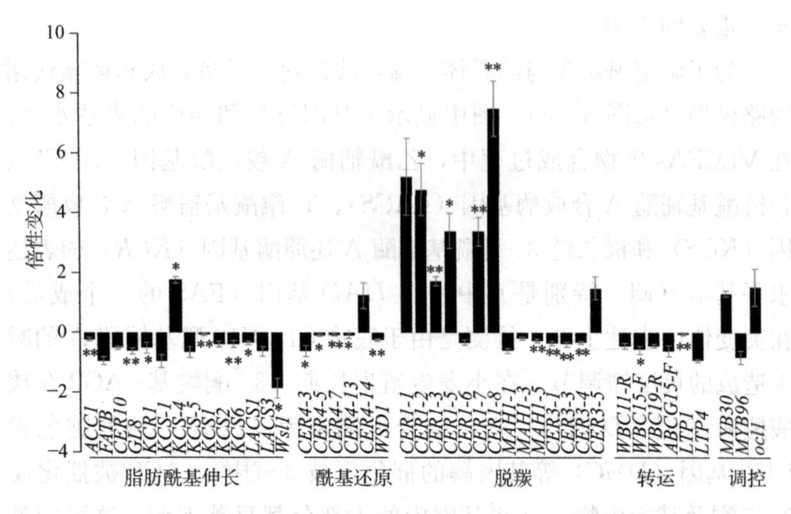

图 3－5　突变体 *w5* 相对于济麦 22 蜡质基因的转录水平变化

第五节　结　论

（1）遗传分析表明，该突变体整株蜡质缺失性状是由半显性单基因控制，该基因与已定位的表皮蜡质基因 *W1*～*W4* 位点不是等位基因，因此命名为 *W5*。利用图位克隆技术，我们将 *W5* 精细定位到 7DL 染色体上分子标记 *SSR2* 和 *STARP11* 之间约 194 kbp 的区间内，根据中国春参考基因组（RefSeq v1.0）注释，该区间包含4个注释基因。

（2）*W5* 是位于7DL染色体上新的表皮蜡质基因位点 本研究在7DL上鉴定出的 *W5* 基因与已知的蜡质合成基因位点 *W1*～*W4* 均不是等位基因（图3-6）。因此，*W5* 是7DL染色体上新的表皮蜡质基因位点，深入研究 *W5* 对于进一步阐明表皮蜡质积累的分子基础是很有价值的。

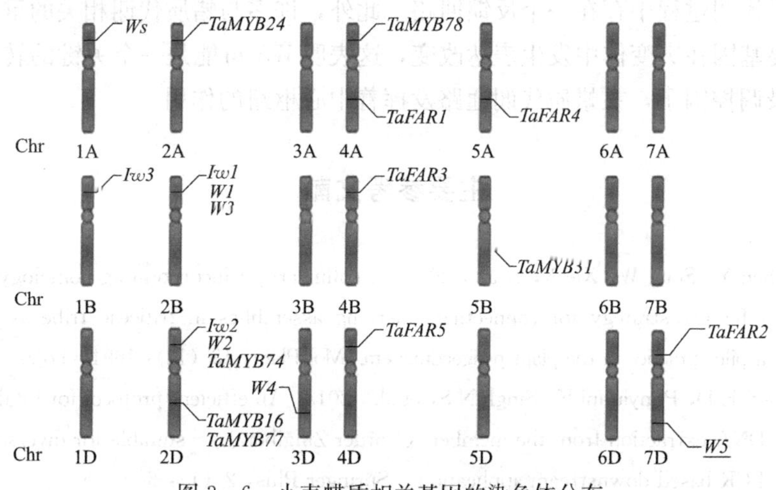

图3-6 小麦蜡质相关基因的染色体分布

注：下划线代表该研究中定位的基因。

（3）*W5* 基因在调控小麦蜡质代谢发挥着关键作用 本研究中，蜡质样品的GC-MS分析清楚地表明，突变体 *w5* 完全缺乏β-二酮，表明β-二酮的合成途径被完全阻断。此外，突变体中的其他蜡质成分包括烷烃、伯醇、脂肪酸和未知化合物的含量也远低于济麦22，表明酰基的延伸、还原和脱羰途径也受到一定的影响。前人研究表明，小麦的光滑表型主要是由蜡质合成抑制因子 *Iw1*/*Iw2* 引起的（Tsunewaki，1966；Tsunewaki et al.，1999）。而本研究中 *w5* 突变体的全株也表现出光亮的表型，且遗传分析表明该性状受半显性单基因控制，这与 *Iw1*/*Iw2* 的显性上位抑制明显不同。因此，*W5* 和 *Iw1*/*Iw2* 的关系的进一步阐明将是一个非常值得探究的研究课题。

在本研究中，我们利用 Illumina RNA - Seq 对 *w5* 突变体和野生型的旗叶鞘进行了比较转录组分析。一些关键基因表达水平的变化可以解释 *w5* 突变体中蜡含量显著下降的表型。考虑到与蜡质代谢相关的 DEGs 大部分下调，只有少数上调，我们推测 *W5* 调控蜡质代谢过程中存在一个反馈回路。此外，许多与蜡质代谢相关的重要基因在突变体中发生表达改变，这表明 *W5* 可能是一个关键的转录调控因子，在蜡质代谢通路发挥着中心枢纽的作用。

主要参考文献

Chen Y, Song W, Xie X, et al., 2020. A collinearity - incorporating homology inference strategy for connecting emerging assemblies in triticeae tribe as a pilot practice in the plant pangenomic era. Mol Plant, 13 (12): 1694 - 1708.

Devi K D, Punyarani K, Singh N S, et al., 2013. An efficient protocol for total DNA extraction from the members of order Zingiberales - suitable for diverse PCR based downstream applications. Springer Plus, 2 (1): 669.

Hen - Avivi S, Savin O, Racovita R C, et al., 2016. A metabolic gene cluster in the wheat *W1* and the barley cer - cqu loci determines beta - diketone biosynthesis and glaucousness. Plant Cell, 28 (6): 1440 - 1460.

Huang D, Feurtado J A, Smith M A, et al., 2017. Long noncoding miRNA gene represses wheat beta - diketone waxes. Proc Natl Acad Sci USA, 114 (15): E3149 - E3158.

Jetter R, Riederer M, 2016. Localization of the transpiration barrier in the epi - and intracuticular waxes of eight plant species: Water transport resistances are associated with fatty acyl rather than alicyclic components. Plant Physiol, 170 (2): 921 - 934.

JW V O，2006. JoinMap 4，software for the calculation of genetic linkage maps in experimental populations. Wageningen，Kyazma B. V.

Kosambi D D，1944. The geometric method in mathematical statistics. Am Math Mon，51 (7)：382－389.

Lee S B，Suh M C，2015，Advances in the understanding of cuticular waxes in *Arabidopsis thaliana* and crop species. Plant Cell Rep，34 (4)：557－572.

Long Y M，Chao W S，Ma G J，et al.，2017. An innovative SNP genotyping method adapting to multiple platforms and throughputs. Theor Appl Genet，130 (3)：597－607.

Marioni J C，Mason C E，Mane S M，et al.，2008. RNA－seq：an assessment of technical reproducibility and comparison with gene expression arrays. Genome Res，18 (9)：1509－1517.

Muller C，2006. Plant－insect interactions on cuticular surfaces. Annual Plant Reviews Volume 23：Biology of the Plant Cuticle. Blackwell Publishing Ltd.

Reinapinto J J，Yephremov A，2009. Surface lipids and plant defenses. Plant Physiol Biochem，47 (6)：540－549.

Schneider L M，Adamski N M，Christensen C E，et al.，2016. The Cer－cqu gene cluster determines three key players in a beta－diketone synthase polyketide pathway synthesizing aliphatics in epicuticular waxes. J Exp Bot，67 (9)：2715－2730.

Somers D J，Isaac P，Edwards K，2004. A high－density microsatellite consensus map for bread wheat (*Triticum aestivum* L.). Theor Appl Genet，109 (6)：1105－1114.

Tsunewaki K，1966. Comparative gene analysis of common wheat and its ancestral species. Ⅲ. Glume Hairiness. Genetics，20：32－41.

Tsunewaki K，Ebana K，1999. Production of near－isogenic lines of common wheat for glaucousness and genetic basis of this trait clarified by their use. Genes Genet Syst，74 (2)：33－41.

Zhang Z，Wang W，Li W，2013. Genetic interactions underlying the biosynthesis and inhibition of beta－diketones in wheat and their impact on glaucousness and cuticle permeability. PLoS One，8 (1)：e54129.

第四章 普通小麦颖壳蜡质缺失突变体的表型分析

具有各种结构形态的晶体组成覆盖在植物最外层的薄膜，可以使植物呈现出白霜状的外观，被称为表皮蜡质（Koch et al., 2008）。表皮蜡质是由超过 24 个碳原子的超长链脂肪酸（VLCFA）的疏水性化合物及其衍生物组成，包括烷烃、醛、伯醇、仲醇、不饱和脂肪醇、酮和蜡酯，以及三萜烯、甾醇和类黄酮等（Jetter et al., 2006；Samuels et al., 2008；Javelle et al., 2011）。表皮蜡质的组成在不同植物、不同器官甚至不同细胞均有差异，此外，其组成还会受到不同发育阶段和不同环境条件的影响（Barthlott et al., 1998；Shepherd et al., 2006；Buschhaus et al., 2011；Bernard et al., 2013）。

第二章和第三章对济麦 22 的整株表皮蜡质缺失突变体 *w5* 进行了表型鉴定和精细定位。本章和下一章研究济麦 22 经 EMS 诱导产生的另一个突变体 *glossy1*，该突变体主要表现为颖壳表皮蜡质缺失性状，但其茎秆、叶片和叶鞘仍有少量蜡质沉积。通过对该突变体的一系列表型鉴定和图位克隆，确定了定位区间及候选基因。所有这些结果将为深入阐明蜡质形成模式的潜在遗传基础铺平道路，并丰富了我们对蜡质代谢调控的理解。

第一节　普通小麦颖壳蜡质缺失突变体的性状分析

一、材料与方法

1. 表型考察

本实验的研究材料为颖壳表皮蜡质缺失突变体，因此进行田间性状考察一般选在开花期（GS65）后，此时颖壳蜡质表现比较明显。在调查亲本材料和后代单株（F_1及F_2单株）蜡质性状时，可用肉眼直接观察颖壳表面有无白霜状蜡质层覆盖来判断表型。每个F_2单株的表型通过其$F_{2:3}$家系的综合表型进行推断得出。为考察*glossy1*突变体和济麦22的农艺性状，共设3个生物学重复，每个重复选取生长一致的10株测量株高、主穗穗长、主穗小穗数、主茎旗叶宽度和主茎旗叶长度，并考察每个重复的抽穗期，成熟后收获考察籽粒性状。本实验利用杭州万深公司SC-G型批量考种分析仪测定千粒重及其他籽粒表型数据。

2. 数据分析

表型数据分析主要用软件Excel 2016完成，突变体和野生型之间农艺性状表型数据平均值比较使用独立样本t检验来计算两种不同基因型之间差异的显著性。

二、性状比较

不同于玉米和水稻等在苗期通过喷水或电镜观察的方法鉴定表皮蜡质，小麦在幼苗阶段并未出现蜡质表型，只有到了成株（生殖发育）阶段蜡质沉积才比较明显。为了研究颖壳表皮蜡质缺失突变体*glossy1*，鉴定植株颖壳表面有无白霜状蜡质层覆盖，我们选取开花期（GS65）的植株用于表型比较。如彩图4-1所示，济麦22

植株（包括叶片、叶鞘、茎秆和穗子）的表面覆盖着一层明显的白霜状蜡质层，而突变体 *glossy1* 的颖壳表面呈现明显的亮绿色，未观察到白霜状蜡质层，但是其叶片、叶鞘和茎秆表面仍有白霜状蜡质沉积，但相比于济麦 22 蜡质沉积量明显减少。

此外，比较济麦 22 和突变体 *glossy1* 之间的其他农艺性状，发现株高、穗长、小穗数、旗叶宽度、旗叶长度、千粒重和抽穗期性状在两者之间差异不显著（表 4－1）。

表 4－1　济麦 22 和突变体 *glossy1* 的农艺性状比较

材料	株高（cm）	穗长（cm）	小穗数（个）	旗叶宽度（cm）	旗叶长度（cm）	千粒重（g）	抽穗期
济麦 22	76.27±3.22	10.07±0.59	21.13±0.83	1.99±0.17	17.38±2.62	47.42±0.81	4 月 30 日
glossy1	76.63±3.59	10.04±0.21	20.43±0.92	2.04±0.10	17.60±1.44	47.08±1.59	4 月 30 日
P 值	0.305 6	0.576 3	0.161 6	0.373 3	0.841 1	0.367 2	

注：数据为平均值±标准差。

第二节　普通小麦颖壳蜡质缺失突变体的微观形态分析

一、材料与方法

1. 扫描电镜观察

扫描电镜样品制备选取开花期（GS65）的突变体 *glossy1* 和野生型济麦 22 的颖壳，此时颖壳表面蜡质层覆盖比较明显。将新鲜的 *glossy1* 和济麦 22 颖壳分别放在一次性培养皿中，置于 37 ℃烘箱中完全干燥。干燥后的样品切成 2.5 mm×2.5 mm 的正方形小块，黏附到导电胶上，将其置于镀膜机（Hitachi，E－1045）上喷金镀膜，最后置于 Hitachi SU－8010 SEM 在 10kV 的加速电压和 8.4 mm 的工作距离下观察蜡质晶体的形态结构（Zhang et al.，2013）。

2. 透射电镜观察

透射电镜样品制备选取开花期（GS65）的 *glossy1* 和济麦 22 的新鲜颖壳，经过固定—脱水—包埋—固化—切片—染色—观察—拍片—统计后得到实验数据，详细步骤如第二章中所示。

二、微观形态比较结果

为了深入了解表皮蜡质的组织结构，我们在扫描电子显微镜（SEM）下观察了沉积在济麦 22 和 *glossy1* 突变体颖壳表面的蜡质晶体。SEM 结果如图 4-1 所示，二者之间的表皮蜡质晶体形态存在显著差异。其中，济麦 22 的颖壳表面上积累了形状规则的管状蜡质晶体，而 *glossy1* 突变体的颖壳表面则具有管状和片状混合晶体结构。

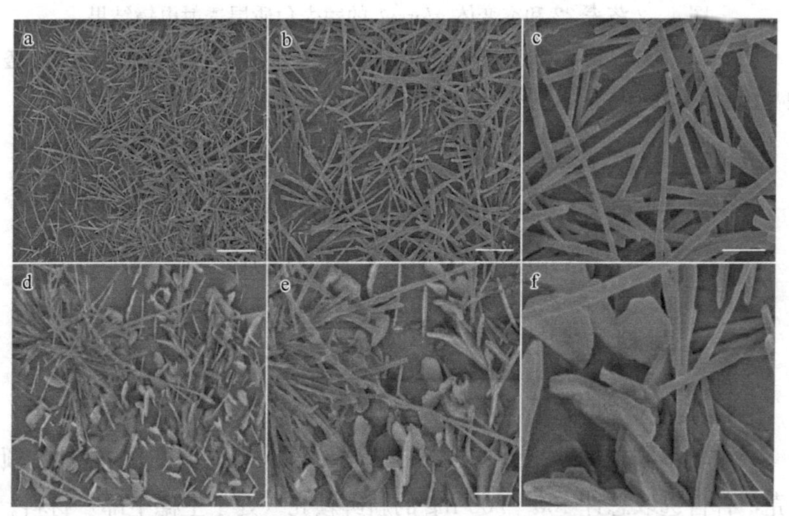

图 4-1 济麦 22 和突变体 *glossy1* 的颖壳表皮蜡质扫描电镜结果

注：a～c 为济麦 22 的颖壳扫描电镜结果，d～f 为 *glossy1* 突变体的颖壳扫描电镜结果；比例尺 a、d 为 50 μm，b、e 为 25 μm，c、f 为 10 μm。

为了观察和比较济麦 22 和突变体 *glossy1* 的颖壳角质层超微结构，使用透射电子显微镜（TEM）进行分析。结果如图 4－2 所示，野生型济麦 22 角质层的厚度（192.7±8.2）nm 与 *glossy1* 突变体角质层的厚度（187.2±15.5）nm 没有显著差异（$P=0.225$）。

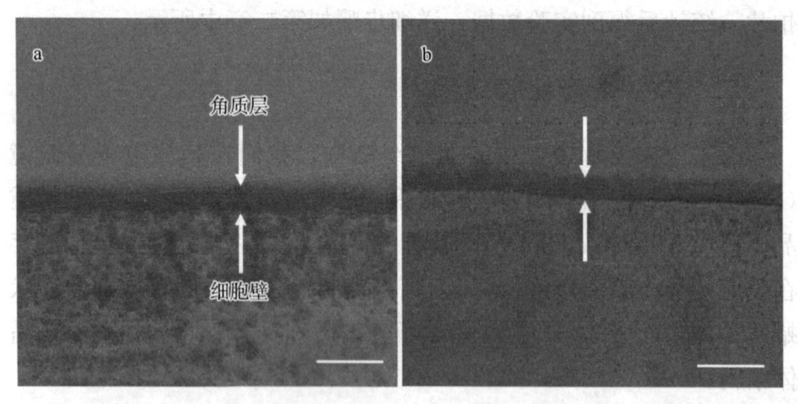

图 4－2 济麦 22 和突变体 *glossy1* 的颖壳角质层透射电镜结果

注：a 为济麦 22 的颖壳角质层透描电镜结果，b 为 *glossy1* 突变体的颖壳角质层透描电镜结果，比例尺为 500 nm。

第三节　普通小麦颖壳蜡质缺失突变体的蜡质成分和含量分析

一、材料与方法

1. 供试材料

来自不同单株处于开花期（GS65）的新鲜 *glossy1* 和济麦 22 颖壳，各自选取总计 100～200 mg 的新鲜颖壳（处于主穗中部）材料。

2. 实验方法

除实验材料不同外，实验试剂、实验仪器及其实验操作步骤和计算参照第二章。

二、蜡质成分和含量比较分析

为了研究 *glossy1* 中颖壳光滑表型的生理生化基础，利用济麦 22 和 *glossy1* 开花期（GS65）主穗中部的颖壳进行气相色谱-质谱联用仪（GC-MS）和火焰电离检测（FID）分析。结果如表 4-2 和图 4-3 所示，*glossy1* 突变体的总蜡含量（286.6±35.5）μg/g 较济麦 22 的总蜡含量（340.6±42.9）μg/g 降低了 16%（P=0.017；图 4-3a）。分析不同的蜡质组分发现，与济麦 22 相比，*glossy1* 突变体中的烷烃减少了 21%（P=0.013），主要包括同系物链长 C23：1、C31：0 和 C33：0 的显著减少（图 4-3b）。相反，相比于济麦 22，β-二酮的含量在 *glossy1* 突变体中增加了 40%（P=0.000；图 4-3c）。此外，一些不同链长脂肪酸也发生了变化，例如 *glossy1* 突变体中 C16：0、C24：0 和 C32：0 脂肪酸化合物含量显著降低，但 C30：0 脂肪酸含量显著升高（图 4-3d）。但是，两种基因型中总脂肪酸含量和伯醇含量并没有显著差异（图 4-3e；表 4-2）。此外，未知化合物（UN）在 *glossy1* 突变体中的含量比济麦 22 减少了 87%（P=1.7E-09；图 4-3f）。以上数据表明，*glossy1* 突变体中蜡含量的改变可能导致颖壳无蜡表型的出现。

表 4-2　济麦 22 和 *glossy1* 的颖壳表皮蜡质组分和含量

蜡质组分	济麦 22（μg/g）	*glossy1*（μg/g）	倍数变化
烷烃	80.8±11.15	64.2±6.3 *	0.79
初级醇	18.4±1.7	20.0±2.5	1.08
脂肪酸	50.9±8.6	49.5±5.2	0.97
β-二酮	100.6±15.7	141.0±21.25 **	1.40
未知化合物	89.9±5.8	11.9±0.3 ***	0.13
总蜡含量	340.6±42.9	286.6±35.5 *	0.84

注：蜡含量为平均值±SD（n=5）。通过 t 检验得出的显著性水平显示为：*，$P<0.05$；**，$P<0.01$；***，$P<0.001$。

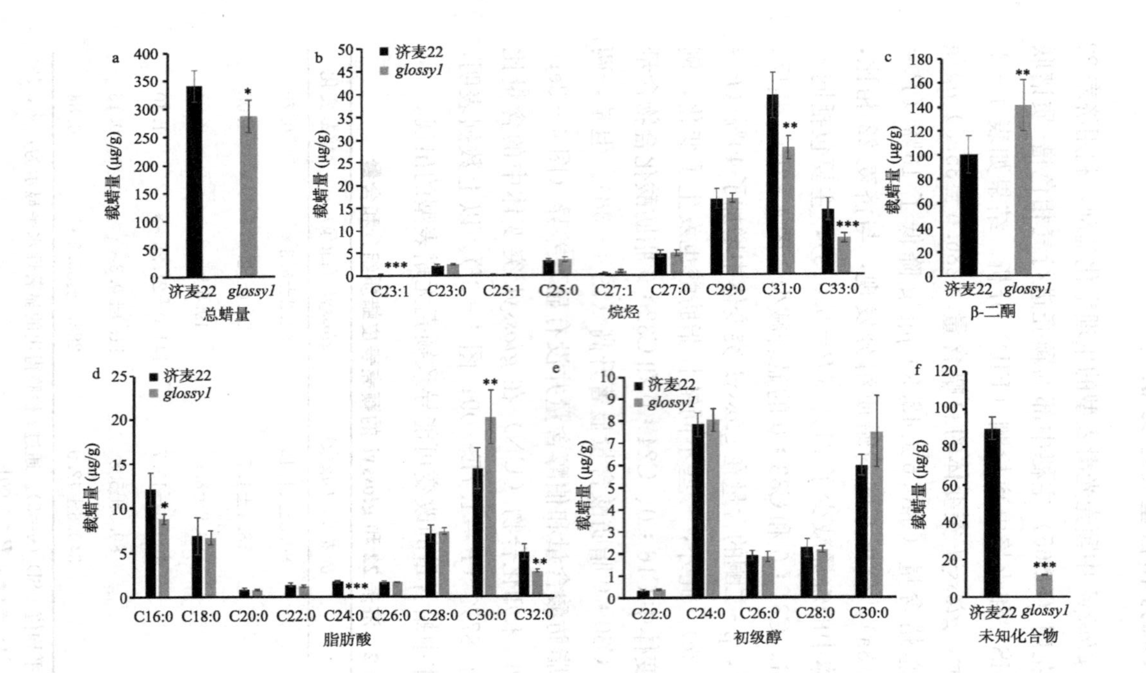

图 4－3　济麦 22 和突变体 *glossy1* 的颖壳蜡质组分和含量

注：a 为济麦 22 和 *glossy1* 突变体的颖壳表皮蜡质总蜡含量。各组分含量分别在 b～f 中显示：b 为烷烃；c 为 β-二酮；d 为脂肪酸；e 为初级醇；f 为未知化合物。b、d 和 e 的 x 轴显示不同碳链长度的化合物。y 轴上的数字表示平均含量。误差线表示从 5 个生物学重复中估算出的平均值的标准偏差。通过 t 检验得出的显著性水平标记为：*，$P<0.05$；**，$P<0.01$；***，$P<0.001$。

第四节　普通小麦颖壳蜡质缺失突变体的角质层渗透性分析

一、材料与方法

为了评估角质层的渗透性，从处于开花期（GS65）的 *glossy1* 和济麦 22 植株的穗中部剥离新鲜颖壳，用于测量离体颖壳的失水率和叶绿素析出率。实验包括 2 个技术重复和 4 个生物学重复，每个生物学重复包括 12 个颖壳。具体的操作方法及实验公式均参照第二章。

二、颖壳表皮渗透性分析

表皮蜡质的主要功能是限制非气孔水分散失，从而有助于提高植物的抗旱性（Shepherd et al.，2006）。为了分析 *glossy1* 突变体对角质层渗透性的影响，我们利用开花期（GS65）济麦 22 和 *glossy1* 的颖壳在 80%乙醇中测定了叶绿素浸出率，并在空气中进行了水分损失测定。结果如图 4－4 所示，实验开始 3 h 后 *glossy1* 中的叶绿素析出率显著高于野生型（$P<0.05$），但 24 h 后，最终二者的叶绿素浸出总量相同（图 4－4a）。颖壳失水实验结果表明：从空气干燥 2 h 开始直到实验结束，*glossy1* 的颖壳失水率显著高于济麦 22（$P<0.05$；图 4－4b）。以上结果表明，*glossy1* 突变体颖壳表皮渗透性显著高于野生型。

第五节　结　　论

与野生型济麦 22 相比，颖壳蜡质缺失突变体 *glossy1* 的主要表现为颖壳光滑无蜡，而其叶片、叶鞘和茎秆表面仍有少量蜡质覆

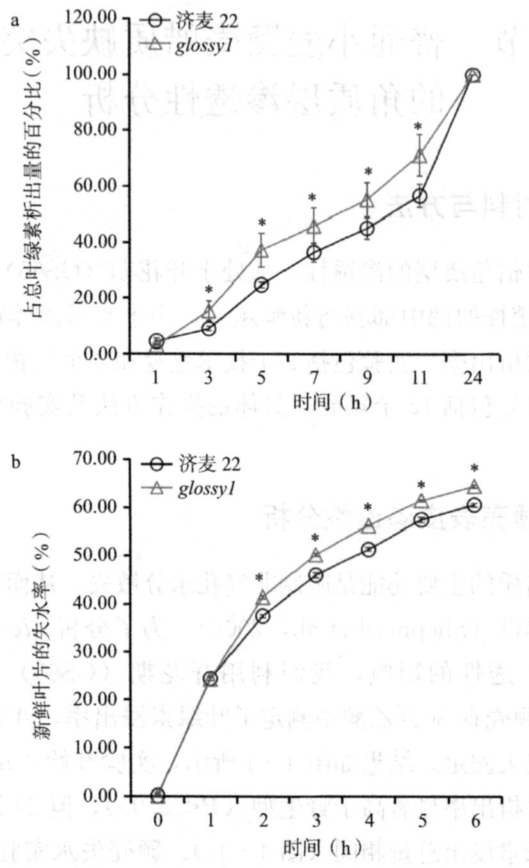

图 4-4　济麦 22 和突变体 *glossy1* 的颖壳表皮渗透性分析

注：a 为济麦 22 和 *glossy1* 突变体的颖壳在 80%乙醇中叶绿素浸出实验结果；b 为济麦 22 和 *glossy1* 突变体的颖壳失水率结果。*x* 轴上的数字表示处理时间（h）。*y* 轴上百分数表示每个时间点的叶绿素析出率（a）或叶片失水率（b）占总叶绿素含量或总水分含量的百分比。图中误差线表示从 4 个生物重复计算出的平均值的标准差。* 表示济麦 22 与 *glossy1* 突变体差异有统计学意义（$P<0.05$）。

盖。利用扫描电镜观察发现，*glossy1* 突变体颖壳的蜡质晶体形态为管状和片状晶体的混合，而野生型仅为管状晶体。GC-MS 分析发现突变体 *glossy1* 颖壳的总蜡量相对野生型显著降低，但是单个蜡成分β-二酮含量在突变体中增加了40%。失水率和叶绿素析出实验表明突变体 *glossy1* 颖壳的角质层渗透性提高。而透射电镜显示角质层厚度在突变体与野生型间无显著差异。

主要参考文献

Barthlott W，Neinhuis C，Cutler D，et al.，1998. Classification and terminology of plant epicuticular waxes. Bot J Linn Soc，126（3）：237－260.

Bernard A，Joubes J ，2013. *Arabidopsis* cuticular waxes：advances in synthesis，export and regulation. Prog Lipid Res，52（1）：110－129.

Buschhaus C，Jetter R，2011. Composition differences between epicuticular and intracuticular wax substructures：how do plants seal their epidermal surfaces? J Exp Bot，62（3）：841－853.

Javelle M，Vernoud V，Rogowsky P M，et al.，2011. Epidermis：the formation and functions of a fundamental plant tissue. New Phytol，189（1）：17－39.

Jetter R，Kunst L，Samuels A L，2006. Composition of plant cuticular waxes. John Wiley & Sons，Ltd，23：145－181.

Koch K，Ensikat H J，2008. The hydrophobic coatings of plant surfaces：Epicuticular wax crystals and their morphologies，crystallinity and molecular self－assembly. Micron，39（7）：759－772.

Samuels L，Kunst L，Jetter R，2008. Sealing plant surfaces：cuticular wax formation by epidermal cells. Annu Rev Plant Biol，59（1）：683－707.

Shepherd T，Wynne Griffiths D，2006. The effects of stress on plantcuticular waxes. New Phytol，171（3）：469－499.

第五章
普通小麦颖壳蜡质缺失突变体的精细定位与候选基因分析

本研究以济麦 22 经 EMS 诱变获得的颖壳蜡质缺失突变体 *glossy1* 为研究对象，利用 *glossy1* 突变体和京 411 杂交获得的 F_1 及其衍生的 F_2 分离群体为实验材料，对控制表皮蜡质缺失性状的基因 *GLOSSY1* 进行了精细定位及候选基因的分析。研究发现该基因是一个新的蜡质合成位点。进一步的研究将拓宽人们对有关小麦表皮蜡沉积遗传基础的认识。

第一节　普通小麦颖壳蜡质缺失突变体的背景检测及遗传模式分析

一、实验方法

DNA 提取、分子标记开发和基因分型等实验方法见第三章。

二、遗传模式分析

为了解析 *glossy1* 颖壳表皮蜡质减少的遗传基础，我们将 *glossy1* 与具有白霜颖壳的普通小麦品种京 411 杂交获得了 F_1，并构建了 F_2 分离群体。如彩图 5－1 a 所示，F_1 植株表面包括叶片叶鞘茎秆以及穗表面均有白霜状蜡质层，且相对于两个亲本而言 F_1 植株颖壳的蜡质水平介于二者中间（彩图 5－1 b），属于中间型。统计包含 1 344 个单株的 F_2 分离群体的表型，有蜡个体∶中间型个体∶无蜡个体的比例为 352∶690∶302，经卡方检验符合 1∶2∶1

的分离比例（$\chi^2=4.68<\chi^2_{0.05,2}=5.99$），结果如表 5－1 所示。以上结果表明，颖壳蜡质缺失突变体 *glossy1* 受半显性单基因控制，将其命名为 *GLOSSY1*。

表 5－1　京 411 和突变体 *glossy1* 衍生的 F_2 群体表型分离比

群体	野生型	中间型	突变体	卡方检验	*P* 值
京 411×*glossy1*	352	690	302	4.68	0.10

注：$P=0.05$，$df=2$，卡方阈值为 5.99。

第二节　普通小麦颖壳蜡质缺失突变体的分子标记定位

为了定位 *GLOSSY1* 位点，我们利用小麦染色体上均匀分布的 1 209 个已发表的 SSR 标记检测京 411 和 *glossy1* 之间的多态性（Somers et al.，2004）。通过筛选共获得在双亲间具有多态性的引物 206 对，用这些多态性引物对从 F_2 群体中挑选的 30 株具突变体表型的极端个体做进一步筛选，结果显示只有小麦 2DS 染色体特异的一对多态性引物 *cfd*51 与颖壳无蜡性状具有明显的连锁关系，由此推断控制颖壳无蜡表型的 *GLOSSY1* 基因位于小麦的 2DS 染色体上（图 5－1a）。

以中国春参考基因组 IWGSC RefSeq v. 1. 1 为基础，在 *cfd*51（*SSR*－3）附近开发了 32 个 SSR 标记和 24 个 InDel 标记，在双亲间具有多态性的标记共 9 个，包括 7 个 SSR 标记（*SSR*－*1*～*SSR*－*7*）和 2 个 InDel（*InDel*－*1*，*InDel*－*2*）标记。用这 9 个标记对 1 344 个 F_2 单株进行基因型鉴定，最终将 *GLOSSY1* 定位在分子标记 *SSR*－*1* 和 *SSR*－*2* 之间，二者距 *GLOSSY1* 位点的遗传距离分别为 2.4 cM 和 1.7 cM（图 5－1b）。

为了进一步缩小 *GLOSSY1* 的基因组定位区间，我们利用 *SSR*－*1* 和 *SSR*－*2* 以及 4 个新开发的多态性标记（*SSR*－*8*，*SSR*－*9*，

STARP-1 和 *STARP-2*）对 1 459 个 F_3 单株进行基因分型。共鉴定出 28 个重组交换个体，根据基因型和表型将交换单株划分为 6 种不同的交换类型（R1～R6）。结合基因型和表型数据，重组类型 R1、R3、R5 和 R6 将 *GLOSSY1* 基因定位于标记 *SSR-8* 的下游，而重组类型 R2 和 R4 将 *GLOSSY1* 基因定位于标记 *SSR-9* 的上游。综上所述，*GLOSSY1* 被精细定位在标记 *SSR-8* 和 *SSR-9* 之间的区域（图 5-1c、d）。

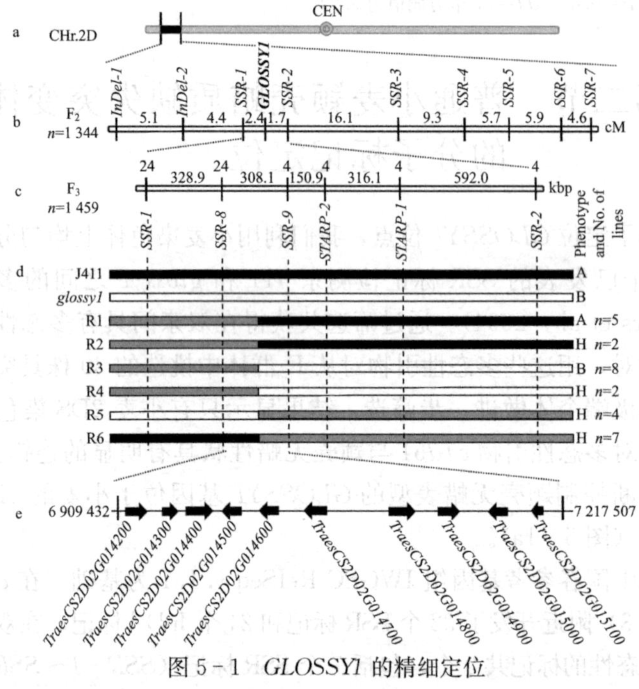

图 5-1 *GLOSSY1* 的精细定位

注：a 为 *GLOSSY1* 在小麦 2D 染色体上的基因组定位。CEN 表示着丝粒。黑条表示 *GLOSSY1* 的初步定位区间。b 为 *GLOSSY1* 的连锁图谱。相邻标记之间的遗传距离显示在图上方。c 为用于精细定位 *GLOSSY1* 基因的物理图谱（根据 IWGSC RefSeq v1.1）。相邻标记之间的重组个体数目在图上方显示。d 为由分子标记和 F_2 单株的基因型表型确定的重组类型。黑色、白色和灰色长条分别代表京 411 的基因型、*glossy1* 突变体的基因型和杂合基因型。e 为在精细定位区间内根据 IWGSC RefSeq v1.1 注释的基因。箭头指示这些基因的转录方向。

第三节　*Glossy1* 位点定位区间的候选基因分析

一、实验方法

基因扩增、电泳、序列比对及候选基因预测方法参照第三章。

二、***Glossy*1** 位点定位区间的基因分析

如图 5-1e 所示，根据中国春参考基因组 IWGSC RefSeq v. 1.1 的注释信息，*SSR-8* 和 *SSR-9* 之间的物理距离大约为 308.1 kbp，其中包含 10 个高置信度基因（表 5-2）。结合其拟南芥和水稻的同源基因注释确定了编码蛋白的潜在功能：6 个基因编码细胞色素 P450s 蛋白家族包括 *TraesCS2D02G014200*、*TraesCS2D02G014400*、*TraesCS2D02G014500*、*TraesCS2D02G014600*、*TraesCS2D02G014700* 和 *TraesCS2D02G015000*；*TraesCS2D02G014800* 编码果糖激酶类蛋白；*TraesCS2D02G014900* 编码未知功能蛋白；*TraesCS2D02G015100* 编码磺基转移酶结构域蛋白；目前没有任何关于 *TraesCS2D02G014300* 的注释信息（表 5-2）。

为了分析 *GLOSSY1* 位点精细定位的基因组区域中的 10 个基因的序列变异，根据中国春的参考序列设计了特异引物（表 5-3），以扩增每个基因的外显子，内含子和大约 2 kbp 的启动子。DNA 序列分析表明，在济麦 22 和 *glossy1* 突变体之间，定位区间内的 10 个基因未检测到核苷酸变化。

表 5-2　308.1 kbp 区域中基因注释的详细信息

物理位置	基因名称（IWGSC v1.1）	基因方向	基因名称（拟南芥）	基因符号（拟南芥）	功能注释（拟南芥）	基因名称（水稻）	功能注释（水稻）
7 000 159～7 003 874	*TraesCS2D02G014200*	+	*AT3G30180*	*CYP85A2*	细胞色素 P450 85A2	*LOC_Os03g40540*	细胞色素 P450 推定
7 051 491～7 053 421	*TraesCS2D02G014300*	+	NA	NA	NA	NA	NA
7 062 904～7 067 010	*TraesCS2D02G014400*	+	*AT3G30180*	*CYP85A2*	细胞色素 P450 85A2	*LOC_Os03g40540*	细胞色素 P450 推定
7 072 239～7 074 799	*TraesCS2D02G014500*	−	*AT3G30180*	*CYP85A2*	细胞色素 P450 85A2	*LOC_Os03g40540*	细胞色素 P450 推定
7 085 342～7 088 009	*TraesCS2D02G014600*	−	*AT3G30180*	*CYP85A2*	细胞色素 P450 85A2	*LOC_Os03g40540*	细胞色素 P450 推定
7 089 688～7 093 106	*TraesCS2D02G014700*	−	*AT3G30180*	*CYP85A2*	细胞色素 P450 85A2	*LOC_Os03g40540*	细胞色素 P450 推定
7 089 688～7 093 106	*TraesCS2D02G014800*	+	*AT1G69200*	*FLN2*	果糖激酶类 2	*LOC_Os03g40550*	激酶 pfkB 家族推定
7 148 652～7 152 831	*TraesCS2D02G014900*	+	*AT5G57460*	NA	未知蛋白	*LOC_Os08g14620*	表达蛋白
7 198 147～7 200 717	*TraesCS2D02G015000*	+	*AT3G48310*	*CYP71A22*	细胞色素 P450 71A22	*LOC_Os11g27730*	细胞色素 P450 推定
7 202 626～7 203 962	*TraesCS2D02G015100*	−	*AT5G07010*	*SOT15*	胞质硫转移酶 15	*LOC_Os11g26390*	含硫转移酶结构域的蛋白质

表 5-3　用于 *GLOSSY1* 基因定位、候选基因扩增及定量表达的引物序列

引物名称	正向引物	反向引物	用途
STARP-1	GACAGGCAGACCAGTCCACTGCTGACG ACGACAGGCAGACCAGTTTAT	GATACCGCCGTGTTTGCATG	用于 *GLOSSY1* 基因的分子标记定位的引物信息
STARP-2	GATGGTACACATGCCCGCTGCTGACGA CGATGGTACACATGCTAGT	GCCCCTCAATTTGTTTTACTGTGA	
InDel-1	GCTCAAGTGTCGACGGTTG	GCAGCACAGCAGATACACAA	
InDel-2	ATCCCTTGAGTTGGCTGATG	CTGATCAGGTAGGCGGACAT	
SSR-1	AGAGTGGAGGAGAAATGAGACC	AGGAATCGAAGATGTAGGCG	
SSR-2	TGTACACGTCACTTCAACGC	AGTCAGCGATCACGTATGCA	
SSR-3	GGAGGCTTCTCTATGGGAGG	TGCATCTTATCCTGTGCAGC	
SSR-4	GCAAAGTGTAGCCGAGGAAG	TTAGAGTTTTGCAGCGCCTT	
SSR-5	AATTCAACCTACCAATCTCTG	GCCTAATAAACTGAAAACGAG	
SSR-6	CTCCCTGTACGCCTAAGGC	CTCGCGCTACTAGCCATTG	
SSR-7	CCCTATTTCCCCCATGTCTT	AAGGAGGGCACATATCGTTG	
SSR-8	CGTATTACGGGCTGCATGGA	ATCAACCACCTGCAGCTTGA	
SSR-9	AACAACAGCTACAAGGAGCA	CTCGATGGGTGGCCAGTATC	

（续）

引物名称	正向引物	反向引物	用途
P42－1	GACACCTAACACTCAGGCCG	TCATGCACAGTGCTGGCTTA	用于 *GLOSSY1* 候选基因扩增基因和启动子的特异引物
P42－2	CCCATGTGCCACCTCACTTA	GAGATTATCCACCCCCTTGG	
2D42－1	TGCCTGCCTCTTGAACCAAA	GCCTCAGTCAGGGCCATATC	
2D42－2	TACTGTCTGCTTGCTTGCC	AAACTCCGGAAACACATGGA	
2D43－1	CAATGAGGGCGAGATGCTG	TGGTCGTATGGCTCTAGTAAGG	
P44－1	GCTTTGGGGGCGGCATTG	GCAAAGCAAGCAAGCACGT	
P44－2	GGCCTCTTCATCGGGGAC	TCTCTCTGCCTCCTCTTGGA	
2D44－1	ACACTTGTCGCCAACACAGA	GGTATGTTGTTGCCATGCCC	
2D44－2	TCCAAAGTGGCTGTTGCAGA	CTGCCGACCAGGTGAATCTT	
P45－1	GTAAGCTGGCCCTATCGGTC	TTAACCGCATGAGTTGGGCT	
P45－2	CTTTTGGGGATTGGAGGGGT	AGCATGCAAGCAAAGAGGTG	
P45－3	GCATGACACATAGTAACACATCATGT	ATCATGCATGCCAACTAGCCA	
2D45－1	GACCACCGAGTTCCTCAAGG	GGGGAATCTCAAGATGGCGT	
2D45－2	AGTATCACATTTCGGGACATCA	—	
P46－1	AAGACGATGAGAGCGCGATT	AGGATTGTCCAAGGTGGCTG	
P46－2	TGGGGTCTCTCTCTCCACAC	AAAAAGTTTGTCTCTTCACCGGG	
2D46－1	CTGTTCGGCGAGACCACCC	CACCCGGGGGAATTTCAGTA	

（续）

引物名称	正向引物	反向引物	用途
P47 - 1	CACATGCCACCTGATCACCT	CACCGCTACGAGATCCAACA	用于 *GLOSSY1* 候选基因扩增基因和启动子的特异引物
P47 - 2	AGCCATCTCGTCCTCCTCTT	TGCAGAGCCATATCGTCGAC	
2D47 - 1	GCTCTGCCTCTTGAACCCAA	ACAGGAGCATGTTGTTGCCTA	
2D47 - 2	GTGGTTGTTGTATCTCACTGCA	GCTCAAGCAGGGAGATGAGA	
P48 - p1	CCCCAGGATTAGAAAAATCCCTG	GAGAAAGGGTCAGAACCTGAGAC	
P48 - p2	AAAGAACACTGCATCAGATTCAGT	CATTCCTTCGAGTTGTTGAACACA	
P48 - p3	TGTATCCTCGAACGGATGCG	CCGTGATCGCACATTCGAAC	
2D48 - 1	TCTCGCTCGTCCCTATCTCT	TCTTGGAGACCTCAATCGCT	
2D48 - 2	AGTTTGGATCCTTCAGCGCCG	CCCACAGGGCTTTAAACACC	
2D48 - 3	CTGAAGATGCATCCCCTGAAC	CTTGTCAGCCTCCTCTGCG	
2D48 - 4	CAAGTAGTTATTATTTGTCAGCTTTGC	—	
P49 - p1	GAGGTGGGTCACAACACGTA	AATTCCGTGATGCCTTCCCC	
P49 - p2	GAGGACATGGAGAAGTCTTGTTGG	CGGAGGAGGAGGGGGAGG	
2D49 - 1	GACACATCCACGTCGACTCC	ATAGGAGAAGGACGTCGGCA	
2D49 - 2	TCAAAGAAGTGCCACATGGGT	GGGTTGGGTAGGGTTCGGAT	
2D49 - 3	CGTGCCTGAATCGAGGAGAG	AAACGTTGGTTTAGTCGCCTC	
2D49 - 4	GAAGGACCCCTTTGCGGCTA	AGGTCAGTAGCAGAAGTATTGTT	

（续）

引物名称	正向引物	反向引物	用途
2D49－5	ACTGTAGCTGTTTACTTTACCCCT	CCCAAAATAACCGTCGCAGATTC	用于 *GLOSSY1* 候选基因扩增基因和启动子的特异引物
2D49－6	TGGCCGTAGTAAGCAGTATACA	GTCGTTCCGGGAATGTAGCC	
P50－1	CTTTAGGAAGGGAGCCGTCG	CCGAACGCATGGTGAGGTTA	
P50－2	TGCTCTGTGAGAAAACACGC	TCTGCCGGCGAAATGTTTTG	
2D50－1	TTTGCTCCAGGAACAGACCC	TCTTTTCCTTGCCTCGGAGC	
2D50－2	TGCCCTCAGCTAACAGTTTCA	TTCAAGAAGGACTCCCCCGA	
2D51－1	CGTACTCTAAGCAATCCTGGAGT	CGTTCTTGACGCCCATCATG	
TaActin	GACCGTATGAGCAAGGAGAT	CAATCGCTGGACCTGACTC	用于 *GLOSSY1* 候选基因实时定量的特异表达引物
42RT	GGAAGGAGGTGGGCACGGCG	GCCTCAGTCAGGGCCATATC	
43RT	GGCTGTTCCTGGAGTTGAGG	TGGTCGTATGGCTCTAGTAAGG	
44RT	TCCTGACCCGATGACCTTCA	ACGGGGGAACTTCAAGATCG	
45RT	TCATGTACCCTGACCCGACA	TCTCAAGATGGCGTTCCTGC	
46RT	AGTACCTGTCCGACCATCCA	TTCTCAGCAGCCCATTCACG	
47RT	TCTTGAAATTCCCCCGGGTG	ACAGGAGCATGTTGTTGCCTA	
48RT	AGTTTGGATCCTTCAGCGCCG	TCTTGGAGACCTCAATCGCT	
49RT	TCAAAGAAGTGCCACATGGGT	ATAGGAGAAGGACGTCGGCA	
50RT	ATGGGCCGATTTGCTGGAA	TCCTCACCTCGTCTTGTAGC	
51RT	AACAACAAGATCGCGGCGG	GGGCACCCATGAACGATTCAT	

（续）

引物名称	正向引物	反向引物	用途
3ART	GCAGGTAGCTTTGTATGGC	TCGATGAAATCCTCCAAAAGGC	用于转录组验证9对定量引物
5BRT	GTACCTGTACCTCTGCTGCT	CGTCTCGTGTATCTCTTTGAGGAT	
2DRT	GGTGGCATTTGGACCAGGATTC	CAACCGAATTGTGCGCATTG	
2ART	CCATGGATTTCTCTGTTGCA	CATGGATGTCGTCGAGAAAG	
4DRT	GTCAAGGTCGAGTACGCAGG	GCCAAGGTAGCAAAAATACACCAA	
7ART	TGGTTCTCCAAGTGCCTTCAC	GCGTCAACGGCGCGAATA	
6DRT	AGATCGACACATTTCCGGTGG	TCAATGGATAAAAAGTGAACAGCA	
5BRT-1	CACCTGGTGCTCTACTGTC	CAGATGTAAGCCTCGGATCC	
1BRT	TCGCTGTGAACGACTTTCT	TATTGCGCCACTCTTTCTTG	

我们检测了10个候选基因的相对表达水平，旨在为蜡质形成的分子基础提供一些线索，并预测由此引起的表型变异（Fay et al.，2004）。首先，我们利用 Wheat eFP 网站分析了 *GLOSSY1* 定位区间的10个基因的表达模式。分析发现，*TraesCS2D02G014500* 和 *TraesCS2D02G014600* 在不同发育阶段的任何器官或组织中都基本不表达；*TraesCS2D02G014300*、*TraesCS2D02G014400* 和 *TraesCS2D02G015000* 在颖壳各发育阶段表达量很低，但在营养早期的根中以及营养中期的芽中表达量较高。相比之下，其余5个基因（*TraesCS2D02G014200*、*TraesCS2D02G014700*、*TraesCS2D02G014800*、*TraesCS2D02G014900* 和 *TraesCS2D02G015100*）在抽穗期（GS55）颖壳中的相对表达水平高于其他器官或组织。

随后，我们通过 qRT-PCR 检测了开花期（GS65）济麦22和 *glossy1* 颖壳中10个基因的相对表达水平。结果如图5-2所示，5个基因在济麦22和突变体 *glossy1* 颖壳中高表达但无显著差异。而其余5个基因在颖壳中未检测到表达。综合以上结果，我们仍然不能确

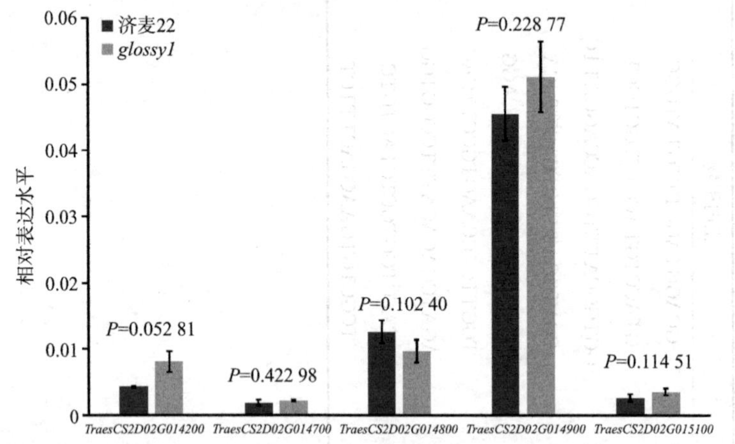

图5-2　5个候选基因在济麦22和突变体 *glossy1* 的颖壳中的相对表达水平

注：*TaActin*（*TraesCS5D02G132200*）作为内源性对照。误差线表示从3个生物学重复计算得到的平均水平的标准偏差。*t* 检验计算的 *P* 值在每个基因上方显示。

定*GLOSSY1* 位点的候选基因。后期，我们需要进行更详细的时空表达分析，并结合其他测序工作来推测和验证*GLOSSY1* 位点的候选基因。

第四节　普通小麦颖壳蜡质缺失突变体的转录组分析

一、实验方法

RNA 提取、转录及测序数据分析等参照第三章（相关引物信息见表 5－3）。

二、转录组测序分析

1. 转录组数据质控

为了阐明突变体 *glossy1* 颖壳蜡质缺失性状的分子基础，我们选取野生型济麦 22 和突变体 *glossy1* 开花期的颖壳为材料提取总 RNA，进行了转录组测序。每个基因型设置 3 个生物学重复，剔除低质量的测序 reads 后，将每个样本的高质量 reads 比对到小麦中国春参考基因组（RefSeq v. 1. 1）上。结果显示，每个样本的测序原始数据分别从 73. 17M 到 91. 29M 不等。经过质量控制后，每个样本产生 52. 12M 到 64. 66M 净读长，这些读长在参考基因组的比对率均达 70. 80％以上（表 5－4）。同组样品基因表达模式趋于一致且 Pearson 相关系数均大于 0. 80（彩图 5－2a）。总体来说，这些结果均显示了 RNA 和测序数据的高质量，可以进行后续分析。

表 5－4　样品测序输出数据的质量评价

样品	原始读长	唯一比对读长	数据比对效率（％）
Jimai22 Rep1	78 823 540	60 758 733	77. 10
Jimai22 Rep2	79 338 644	59 079 802	74. 50

（续）

样品	原始读长	唯一比对读长	数据比对效率（%）
Jimai22 Rep3	70 181 526	53 017 635	75.50
glossy1 Rep1	91 292 390	64 658 494	70.80
glossy1 Rep2	74 263 012	53 740 524	72.40
glossy1 Rep3	73 168 970	52 116 834	71.20

2. 差异表达基因分析

为了确定野生型和突变体之间基因表达的差异，去除多个比对位置的 reads，将唯一比对位置的 reads 进行表达量计算，最终获得了每个基因经过归一化的表达量的 FPKM 值。根据 DESeq2 分析结果，以 *adjustedP* - value<0.05 且 *Fold* - *change* value>2 或者<0.5 作为标准进行筛选，共筛选出 12 230 个差异表达基因（DEGs），占检测到基因总数的 26.6%。相较于野生型济麦 22，5 811 个基因（占总DEGs 的 47.5%）在突变体 *glossy1* 中上调表达，6 419 个基因（占总 DEGs 的 52.5%）在突变体 *glossy1* 中下调表达（彩图 5 - 2b）。进一步对 12 230 个差异表达基因的染色体分布进行了统计，结果发现差异表达基因在 A、B 和 D 基因组上的分布基本均匀（彩图 5 - 2c）。

3. qRT - PCR 验证

为了验证转录组数据的可靠性，我们随机选择了 9 个差异表达基因进行实时荧光定量 PCR 检测。实时定量 PCR 的结果与转录组数据的结果变化趋势比较一致（图 5 - 3），说明转录组数据有很高的可靠性。

4. 差异表达基因 GO 富集分析

为了探究济麦 22 和突变体 *glossy1* 之间差异表达基因的生物学意义，按照错误发现率（FDR）<0.05 的标准对差异表达基因进行 GO 富集分析。在 12 230 个差异表达基因中共有 5 380 个基因获得注释，分布于 159 个 GO 分类条目。根据基因数目分别筛选出

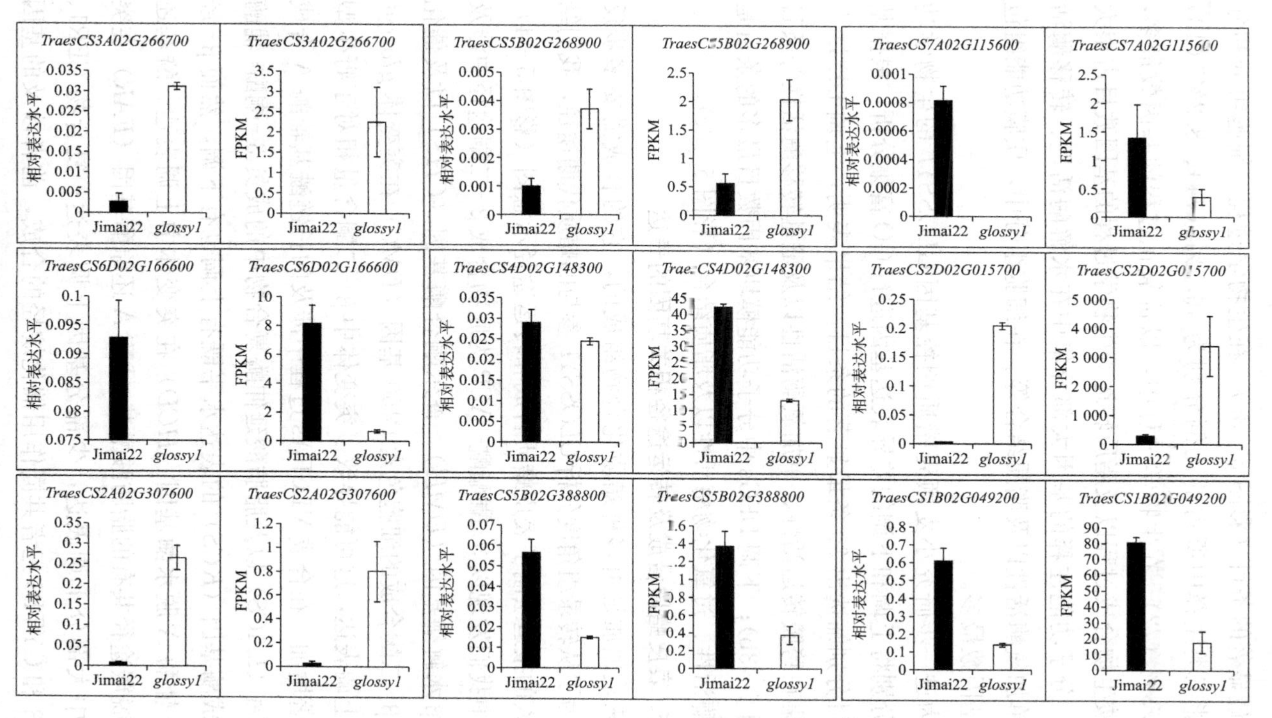

图 5-3　qRT-PCR 验证随机挑选的 DEGs

30条最显著的条目（彩图5-3a）。在生物学过程、细胞组分和分子功能三类注释中所占的比例分别为46.5%（74）、8.2%（13）和45.3%（72）。在生物学过程中，以抗氧化过程的基因数最多，脂肪酸生物合成过程以及脂质转运等生物学过程的基因数目占很大比例。分子功能注释的基因大部分集中在水解酶活性、转移酶活性、单加氧酶活性以及脂质结合等。在细胞组分中，质膜功能组包含的基因数最多。

为进一步研究小麦颖壳蜡质调控基因*GLOSSY1*的生物学功能，分别将上调和下调的差异表达基因进行GO富集分析，根据基因数目分别筛选出30条最显著的条目。结果表明，上调DEGs主要富集在跨膜转运活性、单加氧酶活性以及酰基转移酶活性等条目（彩图5-3b）；下调DEGs中分子功能模块基因数目最多的条目是水解酶活性、过氧化物酶活性以及脂质结合（彩图5-3c）。

5. 表皮蜡质合成及转运途径相关基因的表达

表皮蜡质是由多种蜡质化合物组成的，它的合成需要多步反应。为了从转录组角度分析*GLOSSY1*参与的蜡质代谢途径，我们结合前人的报道绘制了表皮蜡质合成和转运途径示意图（彩图5-4）。从图中我们发现以3-酮酯酰-ACP为底物合成β-二酮途径中涉及的α/β水解酶基因（*DMH*）、查尔酮合酶基因（*CHS*）以及催化羟基β-二酮合成的细胞色素P450基因（*DMC*）在突变体*glossy1*中都上调表达，这可能导致了突变体中β-二酮含量相对于野生型的显著增加。在合成VLCFAs过程中涉及的长链酰基辅酶A合成酶基因（*LACS*）以及脂肪酸延伸酶复合物中的成员3-酮酰-辅酶A合成酶基因（*KCS*）的表达水平既有上调也有下调，然而β-羟烷基-辅酶A脱水酶基因（*HCD*）在突变体中上调表达。酰基还原和脱羰途径共有的脂肪酸酰基-辅酶A还原酶基因（*FAR*）在突变体中大部分下调表达，少部分基因上调表达；复合物CER1、CER3和CYTB5三者共同作用催化烷烃的合成，前者涉及的基因在突变体中大部分上调表达，而后两者均下调表达；催化初级醇生成蜡酯的O-酰基转移酶家族蛋白基因 *WSD*1 的表达水平既有上调也有下调。长链脂肪酸及衍生物合成后，从质膜转运到细胞外间隙过程中涉及的ABC转运G家族蛋白基因（*ABCG*）的表达水平在突变体中既有上调也有下调表达，转运蜡质化合物穿过细胞壁到达角质层外面的脂质转移蛋白基因（*LTP*）在突变体中均下调表达。这些结果表明 *GLOSSY1* 在小麦蜡质合成和转运过程中具有非常重要的作用。

为了全面了解 *GLOSSY1* 调控小麦蜡质代谢的相关途径，我们根据前人的报道，进一步在济麦22和 *glossy1* 开花期的颖壳中用qRT-PCR方法检测了5个代谢途径共43个基因的表达情况，其中25个基因表达水平发生了显著变化，包括9个脂肪酸延伸途径基因、4个酰基还原途径基因、8个脱羰途径基因、2个转运途径基因以及2个调控途径基因（图5-4）。结果表明检测到的参与脂肪酸延伸途径、转运及调控途径的基因多数下调表达，而酰基还原及脱羰途径的基因既有上调表达也有下调表达，这与本实验的转录组测序分析的结果一致。

第五节　结　论

（1）遗传分析表明突变体光滑颖壳表型是定位于2DS染色体上的单一、半显性位点控制，该位点被精细定位于普通小麦中国春参考基因组的308.1 kbp的物理区间内，该区间共注释了10个蛋白编码基因。基因组序列分析和表达分析结果显示，这10个候选基因在济麦22和突变体 *glossy1* 之间均未检测到基因组序列（包括2 kbp的上游区域）差异和基因表达变异。

（2）为了明确突变体颖壳蜡质含量显著变化的分子机制，在开花期选取突变体 *glossy1* 与野生型的颖壳进行了转录组比较分析。

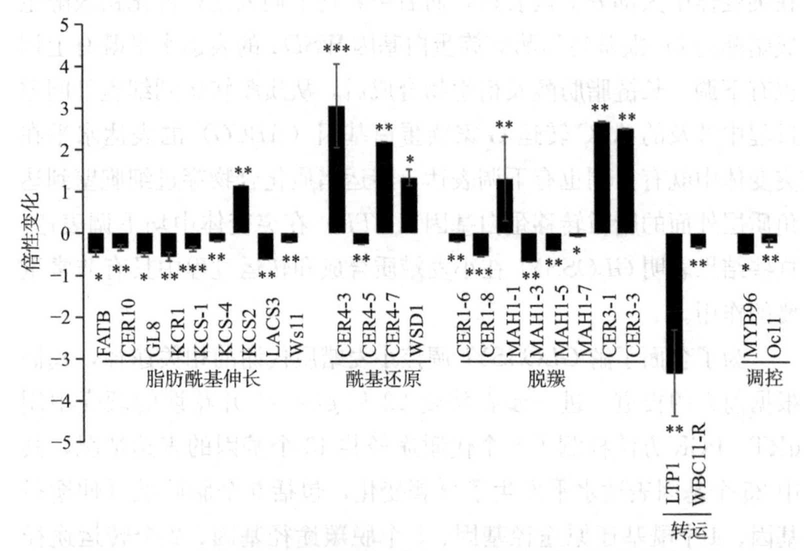

图 5-4　突变体 *glossy1* 相对济麦 22 蜡质基因的转录水平变化

注：*，$P<0.05$，**；$P<0.01$；***，$P<0.001$。

结果表明，*GLOSSY1* 的突变体中导致 12 230 个基因差异表达，其中 5 811 个基因在突变体中上调表达、6 419 个下调表达。GO 功能富集分析发现，差异基因主要富集在蜡质合成和转运途径，主要包括酰基转移酶活性、脂质结合和水解酶活性相关基因等，由此推测这些途径与 *GLOSSY1* 介导的小麦颖壳蜡质缺失性状是紧密相关的。

主要参考文献

Somers D J，Isaac P，Edwards K，2004. A high-density microsatellite consensus map for bread wheat (*Triticum aestivum* L.). Theor Appl Genet，109 (6)：1105-1114.

图书在版编目（CIP）数据

普通小麦表皮蜡质突变体的表型分析和精细定位 / 李玲红著. -- 北京 : 中国农业出版社，2024. 8.

ISBN 978-7-109-32203-5

Ⅰ. S512.103

中国国家版本馆 CIP 数据核字第 2024BZ3744 号

中国农业出版社出版

地址:北京市朝阳区麦子店街 18 号楼

邮编:100125

责任编辑:魏兆猛

版式设计:杨　婧　　责任校对:吴丽婷

印刷:中农印务有限公司

版次:2024 年 8 月第 1 版

印次:2024 年 8 月北京第 1 次印刷

发行:新华书店北京发行所

开本:880mm×1230mm　1/32

印张:3.75　　插页:4

字数:100 千字

定价:30.00 元

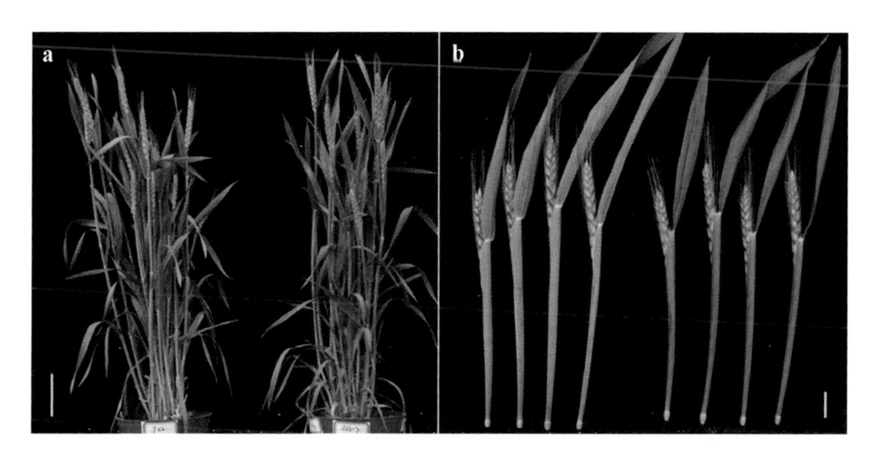

彩图 2-1　济麦 22 和突变体 *w5* 的表型对比

注：a 为整株表皮蜡质性状：济麦 22（左）表皮有蜡，*w5*（右）表皮无蜡，比例尺为 10 cm。b 为叶片、叶鞘和穗子局部表皮蜡质性状：济麦 22（左）表皮有蜡，*w5*（右）表皮无蜡，比例尺为 5 cm。

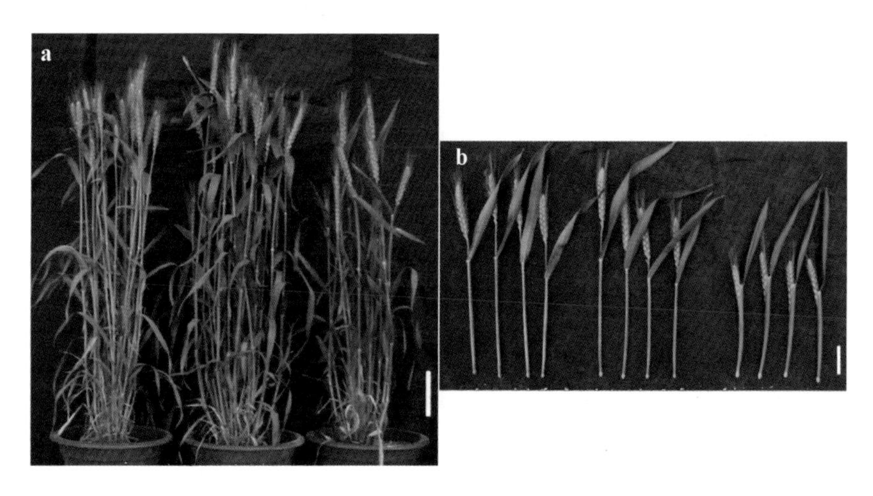

彩图 3-1　京 411（左）、$\mathbf{F_1}$（中）**和突变体 *w5***（右）**的表型**

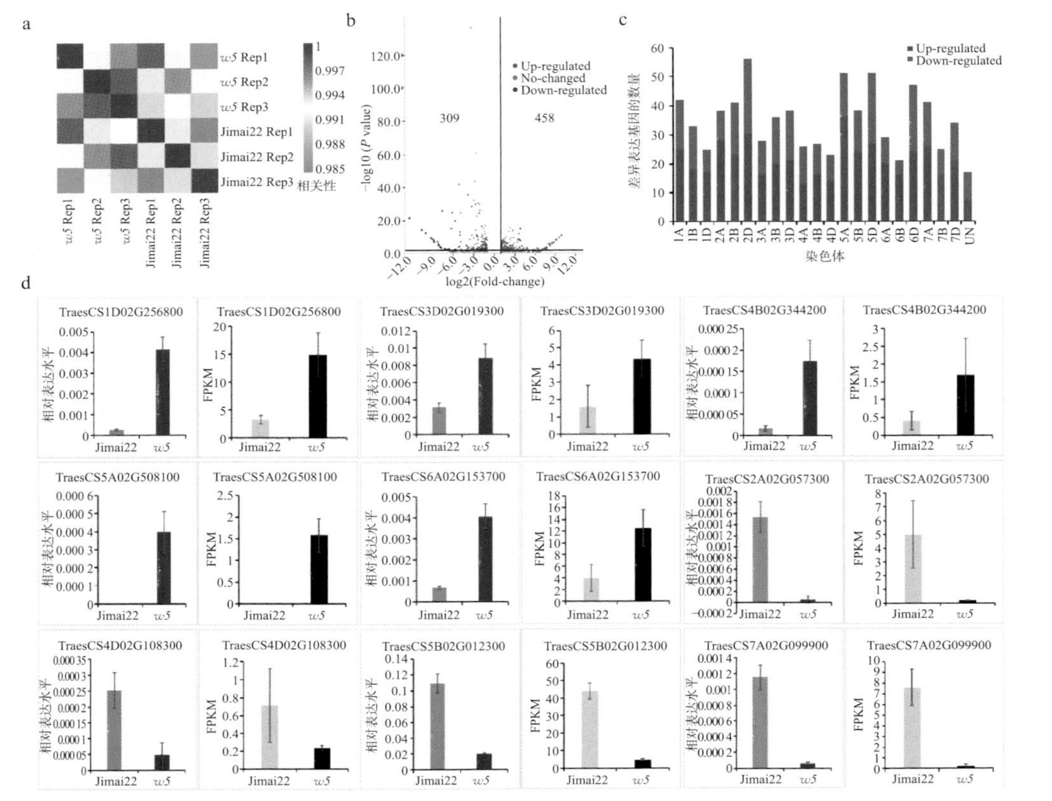

彩图 3-2 转录组数据分析及 qRT-PCR 验证

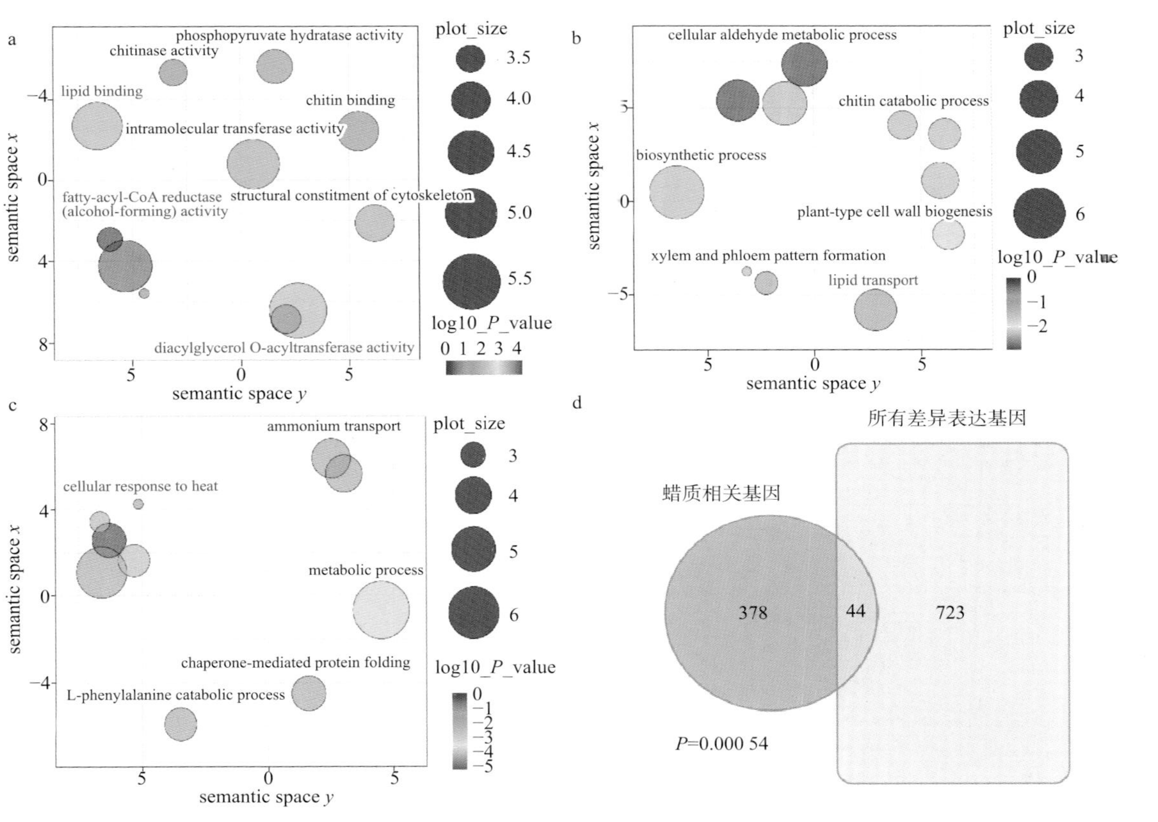

彩图 3-3　GO 富集分析及蜡质途径相关 DEGs 韦恩图

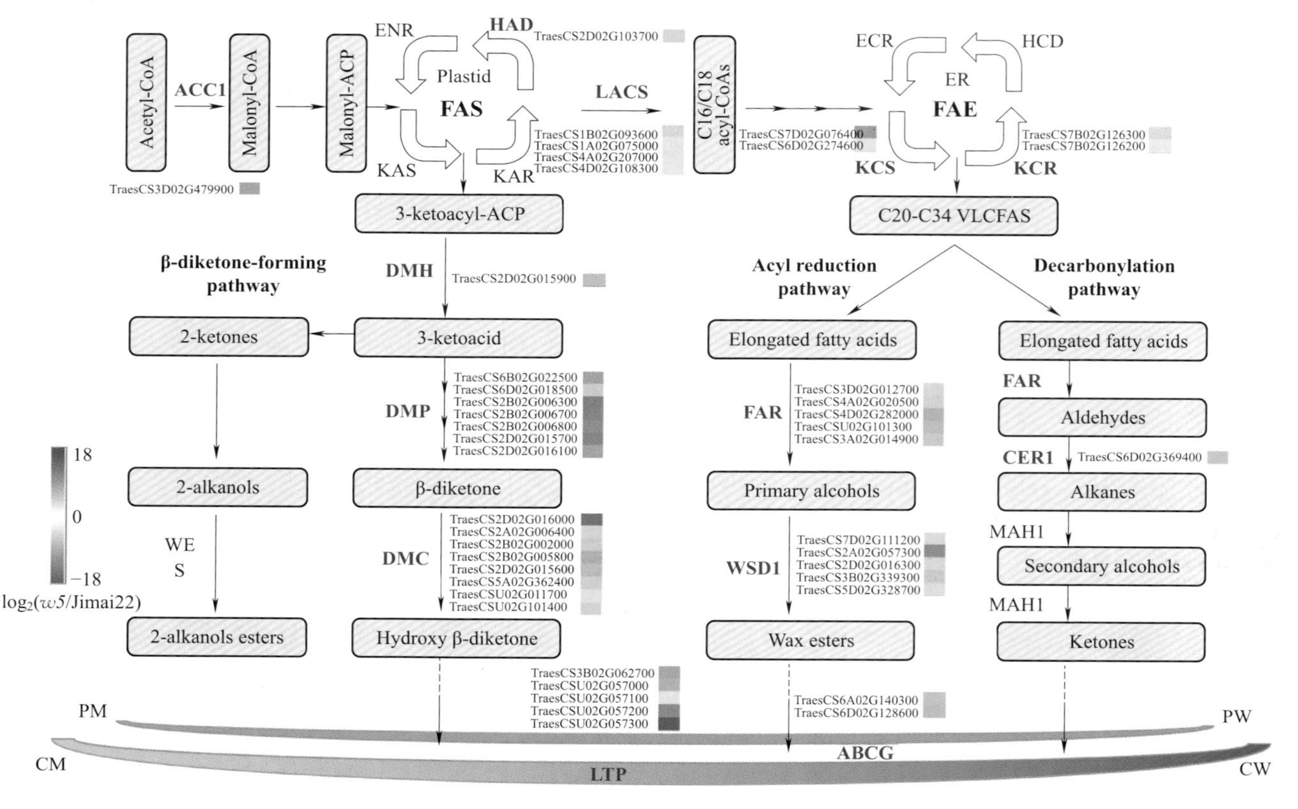

彩图 3 - 4　小麦表皮蜡质合成和转运途径模型

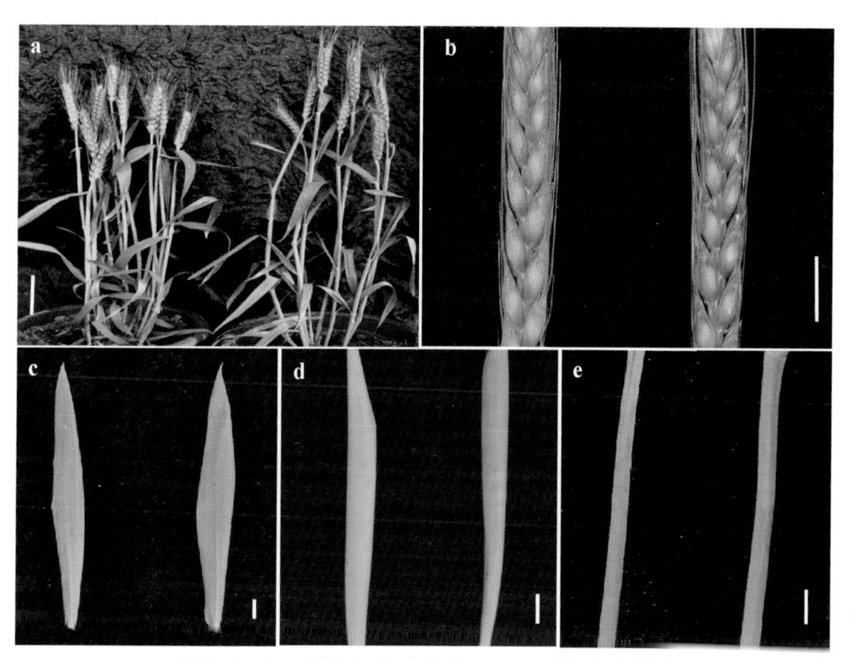

彩图 4－1　济麦 22 和突变体 *glossy1* 的表型对比

注：a 为整株表皮蜡质性状：济麦 22（左）颖壳有蜡，*glossy1*（右）颖壳无蜡，比例尺为 10 cm。b～e 分别显示穗、叶片、叶鞘及茎秆的局部表皮蜡质性状：济麦 22（左），*glossy1*（右），比例尺为 1 cm。

彩图 5－1　京 411、F_1 和突变体 *glossy1* 的表型特征

注：a 为开花期（GS65）京 411（左）、F_1 植株（中）、突变体 *glossy1*（右）的代表性图片，比例尺为 10 cm；b 为京 411（左）、F_1（中）、突变体 *glossy1*（右）颖壳的放大图，比例尺为 1 cm。

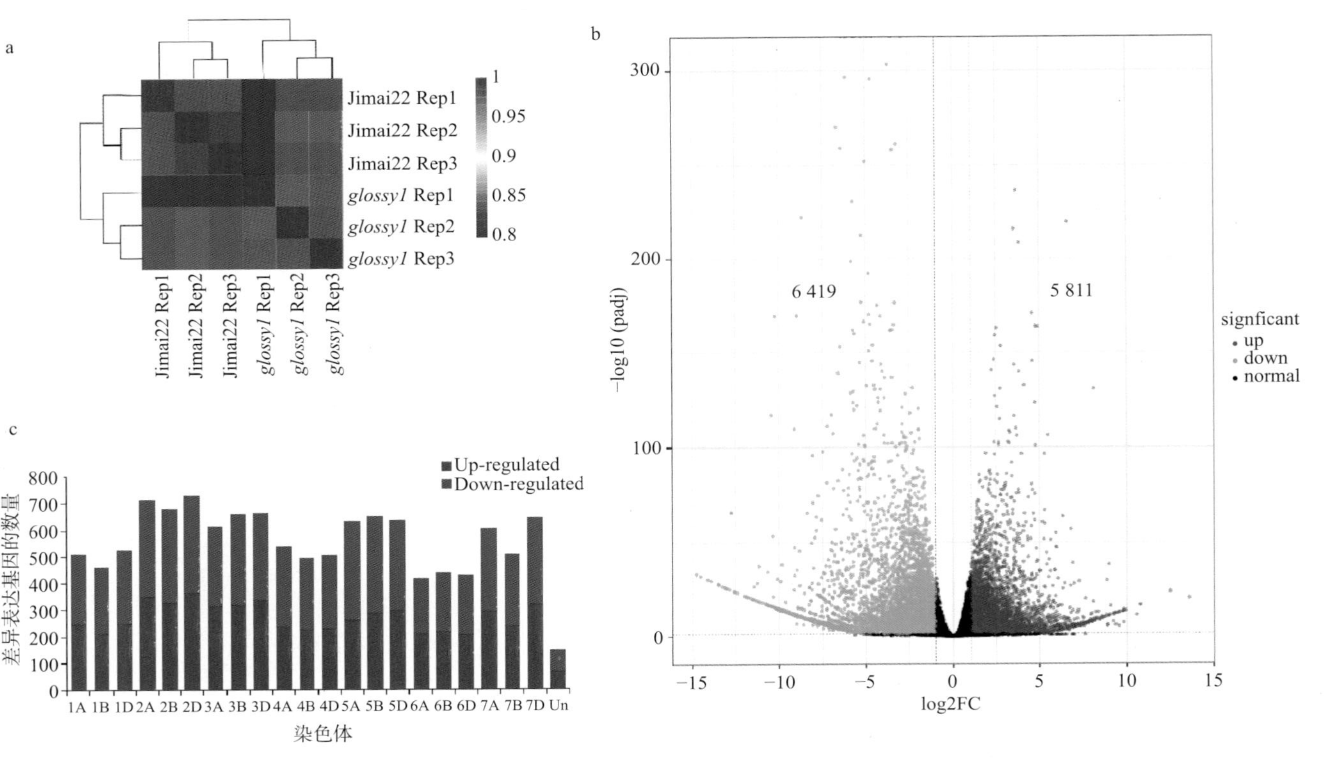

彩图 5-2　样品相关性及差异表达基因分析

注：a 为样品相关性分析；b 为差异表达基因火山图；c 为差异表达基因在染色体上的分布。

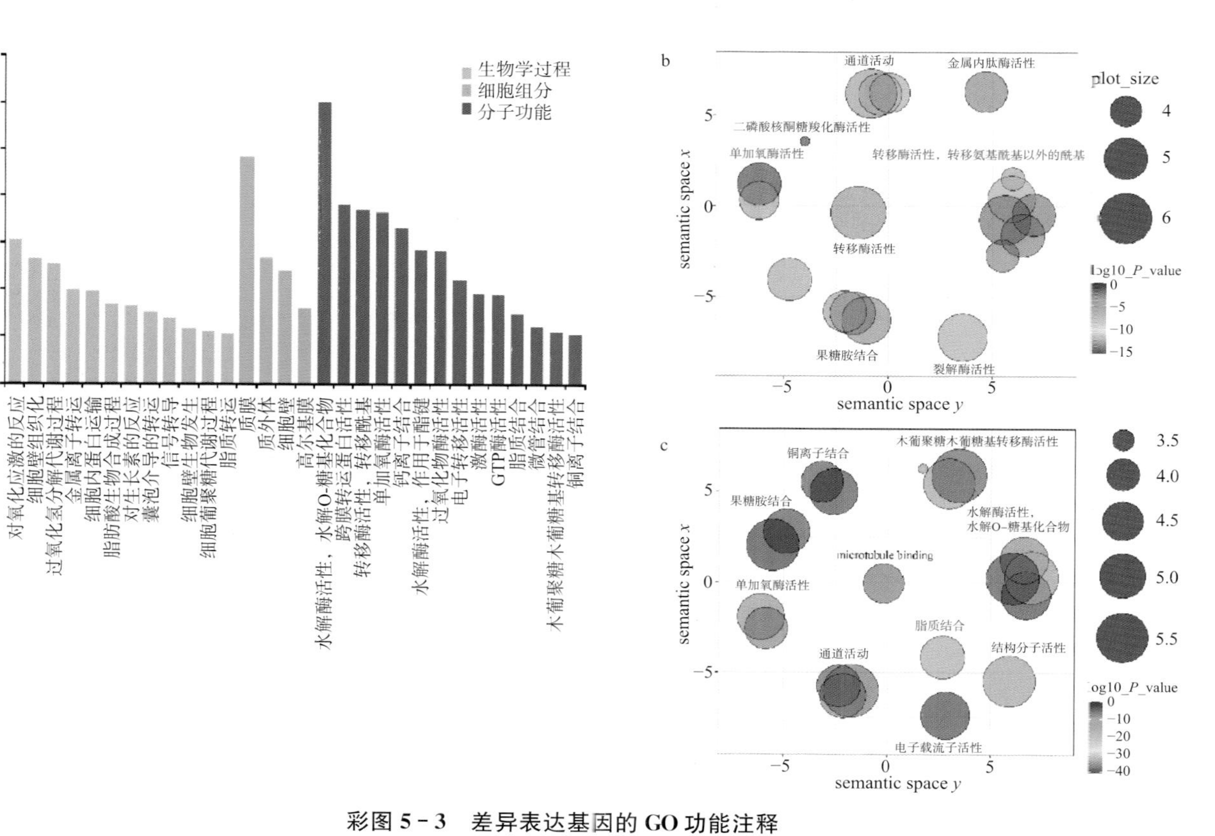

彩图 5-3　差异表达基因的 GO 功能注释

注：a 为差异表达基因的 GO 功能注释分类；b 为上调 DEGs 的 GO 富集；c 为下调 DEGs 的 GO 富集。

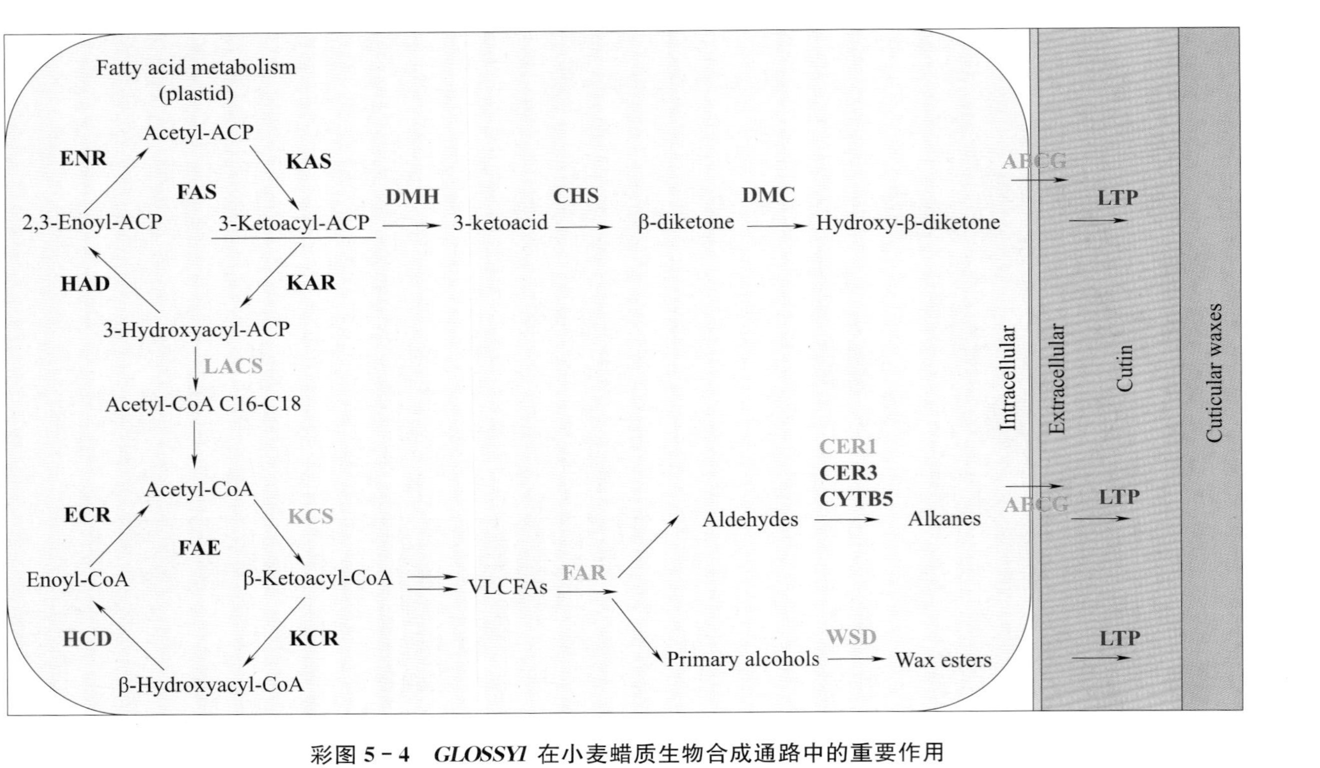

彩图 5－4　*GLOSSY1* 在小麦蜡质生物合成通路中的重要作用

注：不同颜色的字体表示已知或推测的在表皮蜡质生物合成步骤中起作用的基因表达水平的变化，其中红色代表突变体相对野生型基因表达上调，橘色代表这类基因表达水平既有上调也有下调，蓝色代表下调。